科学新知系列

可怕的科学
HORRIBLE SCIENCE

神奇的互联网
THE INCREDIBLE INTERNET

[英] 迈克尔·考克斯／原著 [英] 克里夫·高达德／绘 阎庚／译

北京出版集团
北京少年儿童出版社

著作权合同登记号

图字:01-2009-4309

Text copyright © Michael Cox

Illustrations copyright © Clive Goddard

Cover illustration © Rob Davis,2009

Cover illustration reproduced by permission of Scholastic Ltd.

图书在版编目(CIP)数据

神奇的互联网 /（英）考克斯（Cox，M.）原著；（英）高达德（Goddard，C.）绘；阎庚译 . —2 版 . —北京：北京少年儿童出版社，2010. 1（2024.7重印）

（可怕的科学·科学新知系列）

ISBN 978-7-5301-2379-9

Ⅰ . ①神… Ⅱ . ①考… ②高… ③阎… Ⅲ . ①互联网络—少年读物 Ⅳ . ①TP393.4-49

中国版本图书馆 CIP 数据核字（2009）第 182735 号

可怕的科学·科学新知系列

神奇的互联网

SHENQI DE HULIANWANG

〔英〕迈克尔·考克斯　原著
〔英〕克里夫·高达德　绘
阎　庚　译

*

北 京 出 版 集 团
北 京 少 年 儿 童 出 版 社　出版
（北京北三环中路6号）
邮政编码:100120

网　址：www . bph . com . cn
北 京 少 年 儿 童 出 版 社 发 行
新 华 书 店 经 销
三河市天润建兴印务有限公司印刷

*

787毫米×1092毫米　16开本　10.75印张　60千字
2010年1月第2版　2024年7月第45次印刷
ISBN 978－7－5301－2379－9/N·167
定价：25.00元
如有印装质量问题，由本社负责调换
质量监督电话：010－58572171

目 录

网页预览

神奇的互联网究竟是个什么东西?

互联网就是一个遍布世界各地的、由成千上万的计算机连接而成的网络。它是一个

小小的"万事通"。

确切地说,互联网就是由计算机组成的一个大网络。

互联网是一个聊天约会的绝好地方……尤其是跟"美眉"约会……嘻嘻,惭愧。

同意你的说法……嘻嘻,嘻嘻,惭愧。

亲爱的特露茜,我是一个英俊潇洒的……

对我来说,互联网就是一个大卖场,我在网上可以向人们兜售各种各样的东西,人们也许想不到,这些东西会带给他们丰富多彩的生活。

轻松购物.COM

我虽远离人群,互联网却使我与他们保持密切的联系。

手提电脑

对我来说,这神奇的互联网就是一个购物中心,我无须下楼就能选购商品。

快递!

是的，互联网对不同的人会有不同的用途，它包罗万象，就像一个聚集着许多好朋友的大房间，又像一个装满各种各样惊人信息和经验的"百宝箱"，要想获得这些信息和经验，我们只需轻轻点一下鼠标。

噢，它的内容永远是新的，互联网能向人们提供最新的令人兴奋的信息，提供实时的娱乐资讯和最新的报道！

互联网是人类历史上发展最快的信息通信工具。通过它，数万亿条电子邮件被成功发送；世界各地的数百万人每天都能相聚互联网；通过万维网发送的文档以每天100万个的惊人速度增长，到2003年达到80万亿个（这个数字还只是对部分广告的统计结果），这个数量相当于地球上的数百万人同时连续不断地将他们大脑中、书本里、报纸上、CD和胶片档案中的全部信息倒入一个巨大的宝物箱中，而且，任何人随时随地都能浏览这些信息。

在本书中，你将了解到以下知识：

▶ 为什么万维网又被称为信息之源。

▶ 某人身上的某个部位会在网上被发现。

▶ 大猩猩如何在在线聊天室里当版主。

▶ 在不远的将来，神奇的互联网怎样让你足不出户就能感受到千里之外的气息和声音，仿佛身临其境般真实。

除此之外，互联网上还有大量的笑话、测试题、指南、故事和演说指导，还有众多杰出的黑客。

好，现在就让我们打开电脑，点击IE（互联网浏览器），去领略互联网的神奇吧……

在互联网时代之前

人类已经有几百万年的历史了，可现今人人皆知的神奇的互联网却很年轻，只有20岁左右。即使它的历史是这样短暂，人们也已经完全接受了这个新鲜事物，就像他们过去常说的一句话……

要是没有了这么好的火，我们该怎么过呀！

我们很快也会说："唉，没有了这么好的互联网，我们该怎么过啊！"所以在完全接受互联网之前，我们不妨来回顾一下互联网诞生前人类是怎样生活的。

快！快！接着往下送！

你知道吗？在你读这句话的时间里，已经有上百万个电子邮件信息在世界各地传送着。这种情况现在看来不足为奇，但在从前，却是绝对不可想象的。几千年以来，人们传递消息的速度一

嗵嗵　　嗵嗵

直都有很大的局限性，也就是说，船能走多快，马能跑多快，人能跑多快，信息传递的速度就有多快。

1745年，消息传递慢得惊人！英国在因弗内斯附近的卡洛登战役中大胜苏格兰的查理王子和他的苏格兰王室。就这条消息整整花了8天的时间才传送到伦敦——其中在船上用了5天，骑马把马累得吐血又用了3天。如果有个消息要飞过大洋，就会更慢。假设由邮船来送一封某个婴儿出生的信，恐怕要花上多半年，接到信时，小孩已经半岁多啦！

1838年，发明了电报。这一年，电报在美国由塞缪尔·莫尔斯发明，人类历史上破天荒地第一次实现了人与人之间无障碍的通信，人们要说的每句话、每个字母都被一系列的滴滴答答的信号代替了，最后，所有的话都被轻轻地敲击出来，并且以电子脉冲的形式经由天线发射出去。这标志着实时电子通信时代即将到来。

5

19世纪40年代，技术持续稳定发展。这一时期，新的、速度更快的船舶诞生了，同样的距离，航行时间较以前缩短了一半。从香港坐船到纽约，以前要6个月左右，而现在只需要3个月，速度真是提高了不少。

1876年，一条战争消息的传递。美国本土的几个印第安部落在一次战役中打败了卡斯特将军率领的军队，结果这一消息用了8天时间才到达了在城堡里焦急等待战果的卡斯特将军夫人那里。而在城堡附近要饭的印第安乞丐却在几天前就知道自己的部落打了胜仗，个个喜笑颜开，这到底是怎么回事呢？

1876年，亚历山大·格雷安·贝尔给了世界一个惊喜。就在美国本土的印第安人打败了那个一头长发的老头儿卡斯特时，亚历山大·格雷安·贝尔（1847—1922）发明了电话，并且与他在隔壁房间里的助手进行了首次通话。

1901年，电话先锋古利尔莫·马可尼（1874—1937）在世界上首次试验跨越大西洋无线电通信获得成功。

1939年4月30日，第一套有固定节目表的电视广播在美国诞生。它直到"第二次世界大战"爆发时才停播，1946年又恢复播出。

1956年，一条意义非凡的电话电缆线铺在了大西洋洋底，它将美国和英国连接在一起。

7

1965年，第一颗通信卫星升空，它可以同时接驳240条电话线路。

1967年，美国军队的首脑人物和专业技术人员担心美国的计算机武器控制系统受到攻击，于是坐在一起商议如何对付他们的宿敌——苏联，从此开始编织他们的计算机互联网。

互联网是如何诞生的（上）

刚开始还必须了解一些相关知识

有一些发明和发现，如啤酒、三明治、拉链等，都是发明者个人的劳动成果，它们几乎是在一夜之间就诞生了，而互联网的出现则不然，它是很多人集体智慧的结晶，是许多人在长时期内经过无数次的思考、实验和讨论才逐渐形成的。

终于联上网了！

如果回到以前那个混沌的时代（约5万年前），那个时候，人们愚昧无知，甚至有人错把自己的脑袋当作可可豆。人们的知识实在有限（相对于现在而言），就算把石器时代人们所有的智慧全部写下来，也才只能写满一张羊皮纸。

　　但这种状况并没有维持多久，因为世界各地的人们都从茹毛饮血的实践中积累了很多生活经验，渐渐地，人类的知识总和增长得越来越快、越来越多。

　　随着人类知识的积累，仅凭人的大脑已经很难将所有的知识记住，一些新的交流方式和绘画方式开始结合，从而产生了更新的书写记录方式（在公元前3000年左右），这些记录方式的确十分简洁。

| 问候 | 来自 | 古代的 | 索美尼亚 | 来自古埃及 |

社会继续向前发展，人们在点点滴滴的实践中积累的知识也越来越丰富，一些睿智的人们开始记录身边发生的事情，并且将这些记录储存在技术的奇迹——书上；后来，古代（也不是特别远古）一些好事的学者和极富头脑的专业书记员不断地注意到了他们身边一些特别有趣的事情，于是就把它们记录在黏土块或草纸上，或是写在手提箱大小的书中。由于记载的信息特别分散，把这些信息集中到一处就显得尤为必要，于是一种新型的储存智慧的仓库——图书馆就应运而生了。

几个世纪过去了，书记员们不停地记录着，作家们也在不停地写着，书写了一页又一页，一册又一册，人类的智慧储备量也越来越惊人。到了18世纪至20世纪，人类记录的知识和取得的技术性进步遍布全球各地，社会开始步入到知识爆炸的时代。

很快，那些信息形成了人类的各种学科知识，于是大百科全书就应运而生了，它汇集并指引人们对这些知识进行方便的查询。同时，在世界各地的村镇和城市里，大大小小的图书馆如雨

后春笋般地建立起来，里面收藏着仍在疯狂增长的知识财富，包括每时每刻都在发生的奇闻趣事、可怕的创意以及令人震惊的统计数字，等等。

知识爆炸的速度仍在加快，以至于到了20世纪初，一个人要想成为同时站在几个领域前沿的领军人物变得十分困难甚至不可能，如高等数学、天文学等都已经变得十分尖端，要想超越原有的水平，必须具有极高的智慧和能力。

综上所述，人类社会在几千年的历史中积累起来的丰富的知识变得越来越难以驾驭、难以掌握了，而且这些知识对于普通人来说越来越派不上用场（只有少数专家才用得着）。似乎刹那间就会涌现出成千上万的新书、小册子、报纸文章和新鲜事物。虽然人们都在尽力地将这些信息有条理地组织起来，运用一些先进的手段，如建立图书馆卡片索引系统来指导人们查询信息，可是要想从纷繁复杂的数据信息中找到富有创意的知识似乎已变得越来越不可能了。

但人类毕竟是有着高级智慧的生物，他们对任何事物都有着穷根究底的天性，天生喜欢面对挑战，所以，很快，各路精英开始联手，想办法解决如何储存这大量的有用的信息，使得人们能够尽快地查找到并且有效地利用人类智慧的结晶。在这些精英中，就有我们的第一位……

电脑界的超级巨星

范尼瓦·布什（1890—1974）

范尼瓦·布什是一位知名的数学家和科学先驱，他还被人称

13

做特别有洞察力的人（的确是这样，即使他不戴眼镜），这也就是说，对于未来，对于人们应该如何思考问题以及在未来几年内如何安排自己的生活，他都有着很多充满智慧的创意。1945年，他写了一篇题为《按照我们的想象》的文章，提出了人类应该如何运用科学方法来改善他们搜寻、储存信息并将所有这些信息联系在一起以便更好地认识世界的手段。

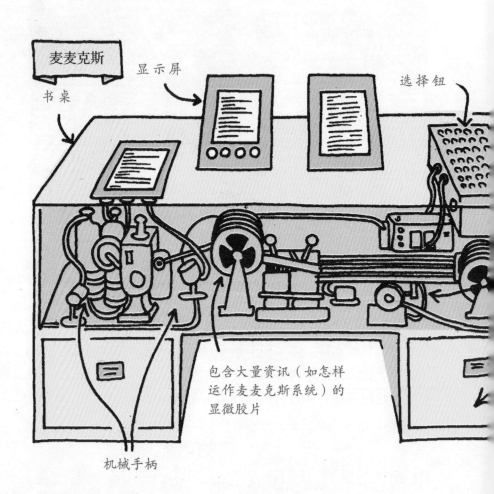

麦麦克斯

书桌

显示屏

选择钮

包含大量资讯（如怎样运作麦麦克斯系统）的显微胶片

机械手柄

　　他想象有一种信息机器叫作"麦麦克斯"，这个机器就是一张带有显示屏、键盘、选择钮、操作杆的桌子，并且有大量资讯储存在显微胶片*里。其实范尼瓦并没有真的动手制作这么一个麦麦克斯机器，因为这只是他对未来事物的一种假设（事实上他很不善于自己动手）。如果他真的做成了这个机器，下面这个图可能就是它的大概模样。

范尼瓦·布什

用来储存笔、好主意和三明治等东西的抽屉

更多的机械手柄

　　*有时候资讯被储存在显微胶片里（它还被分散储存在另外一些地方）。一些信息，如新闻报道和科学文件，被拍成照片并缩小到只有在显微镜下才能看清，这就表示大量的数据信息能够被存储下来以备将来使用。无论什么时候人们想要阅读这些资讯，都必须使用一种放大幻灯机。很明显，范尼瓦并不知道有一天显微胶片会被一些更实用的东西，如磁带、磁盘以及CD-ROM代替（实在地说，他又不可能预知一切事物）。

你是不是对这个设想印象十分深刻？可是你知道嘛，当时仅有的几台计算机个头儿都相当于双层公共汽车那么大，像现在的计算机那样带着监视器和键盘在当时都是不可想象的事情。范尼瓦还描述了一个人在使用这个麦麦克斯时，要录入海量的信息，还要对所有的信息进行筛选，选择那些他们想要的，然后逐个把这些信息放置进去，从而构建一个互相联系的信息网。最后，还要对它查遗补漏，使之更加完善。

收集好这些数量众多的有用的信息，可以使人们拥有一个惊人的信息库，供人们学习或研究之用。这或多或少体现出现在互联网的功能雏形。45年之后，才有人开始真正提出互联网的概念，那时候，范尼瓦已经放弃在地面上，而是选择在空中建立一个庞大的网站。

　　当时人们热切希望有那么一个地方来储存并提取新知识，这导致了互联网的诞生。除此之外，还有一个重要的原因，那就是战争。当范尼瓦继续他的杰作《按照我们的想象》时，那场人类历史上最宏大、最肮脏的世界大战已接近尾声，一些人甚至做好准备迎接随之将至的另一场规模更大、更为肮脏的战争，因为他们不想在一心设想未来时又被战乱的阴影所笼罩。

17

互联网是如何诞生的（下）

刚开始也有……恐惧！

　　自古以来，人类为了和平创造了许多有用的发明，互联网从某种程度上来说也是这样。一些人总是认为另一些人是他们的敌人（或是有可能成为他们的敌人），于是为了超越和抵御这些"敌人"，他们开始研究开发互联网。

　　让我们追溯到20世纪五六十年代，那时美国和苏联（俄罗斯和它的联盟国）之间发生了冷战，他们在地球的两端虎视眈眈，互相发出威胁的噪声，做出威胁的手势，但却从未真正点燃战争的导火索，两国之间的斗争从未发展为"热战"。在冷战期间，这两个超级大国还同时展开了军备竞赛。说到军备竞赛，就不得不说到这么一个故事：说是有一个叫傻哥的住在洞穴里的人，有一天发现他的邻居、一个叫作摩人的尼安德塔人有一根木棍比自己的大，于是他就开始制作更大的木棍，后来摩人为了超过他又开始制作另一根更大的木棍，两人就这样永无休止地继续斗下去。就好比现实中的苏联和美国一样，在这场冷战中，两国都花了大量的时间和金钱来发展自己的新式武器。

如果他们制造出一种新式武器，我们就要制造出一种更大、更新颖、更快的武器，否则他们就会盛气凌人，这是我们所不愿看到的，是不是？

　　许多精密的令人恐怖的杀伤性武器都是由计算机控制的，这些计算机通常并不和武器放在一起，而是由一些非常讨厌的家伙掌握着，他们可以在很远处的计算机上发出指令来指挥这些武器。这些家伙成天没事就盯着计算机屏幕，经常看着看着就突然拿起电话说些这样的话……

红色警报！
红色警报！

对，对，莱瑞，下次你给我们拿几张比萨饼过来，告诉马里奥别忘了在饼上多放一些好吃的辣椒酱！

　　后来，有一天，一位美国军界的重要人物突然想到："哎呀，不得了啦，假如有一天苏联那些可恶的弹道导弹击中了我们的控制室，我们该怎么办啊？那肯定得毁了我们这些可以发出武器指令的主电脑啊，主电脑一完，其他的电脑也得完蛋，通信系统和武器系统不也都废了吗？我们的国家不就乱了吗？不行，我得把那些专家们找过来商量商量！"

于是那些所谓的专家（也就是科学家、技术专家和那些头头脑脑们），接着就要干以下这些事情……

　　就是这样了。由一些同等重要的计算机组成的网络，互相之间都能交流，这种想法首先由那些有超级大脑的人提出，那么，现在就让我们进入到互联网时代，看一看这些想法是怎样飞快地变成现实的！

不可思议的互联网时代

　　1957年，苏联人将他们的人造卫星送入了预定轨道，美国人顿时感到丢脸了。

　　他们决心加强科学研究力度，将成吨的美元倾注到各种各样的计划上，如防御系统、空中开发计划以及计算机研究计划。

1958年，美国政府成立了一个新的组织叫作ARPA（你不必弄懂它代表什么含义。什么？不行？非得弄明白？那好，告诉你吧，它叫高级研究计划署），它的主要职能是负责进行各种秘密的科学研究计划，以便把苏联人踩在脚下。

1962年，一位名叫保罗·巴兰的电脑工程师想出了这么个主意，就是著名的"捆绑转换"，它的主要意思就是把数字信息转换成鱼食大小的很多块，这样就很容易传输到其他计算机上，接收信息的计算机把这些小块儿的信息再聚集到一起还原成完整的信息，然后就可以被完整地读出来。

"捆绑转换"理论现在被广泛应用于局域网和互联网技术，适用于几个互相连通的计算机之间信息的传递。

1969年，一个由4台终端机组成的高速连接的计算机系统首次建立，这就是ARPA网（猜猜他们干吗起这么个名儿），同时第一条电子信息在两台单机间传递成功。

1971年，ARPA网拥有了15个终端，科学家和研究人员也被允许使用这个系统。

世界上第一条电子邮件在这里被发送到ARPA网上的多台计算机里。

1972年，ARPA网拥有了37个终端。

1976年，英国女王发送了她生平第一个电子邮件（哎，我说，这个E-mail是不是伊丽莎白的邮箱的简称呢）。

20世纪80年代早期，军队为科学家们举行了庆功会，因为他们已经成功地运用互相连通的电脑来交换思想，也就是互相聊天。士兵们后来也都建立起了自己的新网络，

23

起名为米尔网，它是以军队最高长官的妻子米尔德莱命名的（悄悄告诉你，这不是真的，只是开个玩笑而已）。

1975年，第一部可自己动手组装的娱乐性计算机"牵牛星8800"上市出售，引得世人对此评头论足。

1981年，著名的计算机公司IBM制造出第一台个人电脑。

20世纪80年代中期，计算机网络开始像燃烧的野火一样迅猛发展起来，已经达到了5万台终端。它把各个大学和科研院所及图书馆等联系在一起，逐渐演变成了著名的互联网。

现在你知道互联网的来历了吧！如果你有一台联在互联网上的电脑，那么这台电脑就不仅是一台PC机了，它同时也是一台终端机！

精彩绝伦的万维网

就这样，互联网开始成长起来并发展壮大，但到底互联网是个什么东西，很多人可能还是不太了解。换句话说，互联网就是万维网，就是连通世界的网络。就像有汽车前必须有轮胎、有微型电脑前必须有微型芯片一样，在有万维网之前也必须有一些重大的发明创造来支持它，所以，当一大批专家忙着开发互联网时，另外一些勤奋的天才们则在冥思苦想着三种神奇的创意……

第一种，道格提出的"指哪儿到哪儿"的玩意儿

就在美国军方为抵抗另外一个超级大国对美国的威胁而竭力工作时，一名叫道格·恩格尔巴特的计算机大腕儿正在努力发明一种东西，以便让计算机用户与显示在计算机屏幕上的信息实现互动。互动首先就要求移动屏幕上的光标（就是计算机上的图形光标符号），指向所要到达的区域。在计算机的发展时期

（1965），移动光标的唯一途径就是按键盘上的上下左右键。

为了让计算机用户能够随意操控光标，道格提出了以下几种设想：

a）手拿一支发光的笔指着屏幕，指到哪儿光标就移到哪儿。

b）一根"欢乐棍"（就像有些游戏需要使用的操作杆），当人挥动这根棍时，光标就会按照棍挥动的方向移动。

c）一种带着两个垂直圆盘的木片。配合其他一些设施，当你移动木片时，光标就会跟随木片的移动方向在屏幕上跳动（如果你把木片拿起来，圆盘仍然在转，此时光标还会在屏幕上移动）。

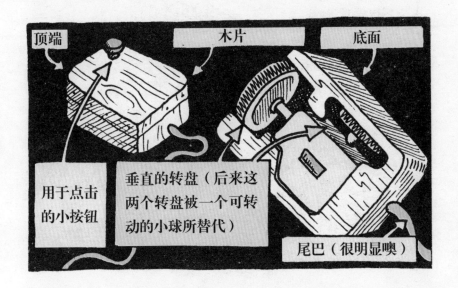

顶端　　木片　　底面

用于点击的小按钮

垂直的转盘（后来这两个转盘被一个可转动的小球所替代）

尾巴（很明显噢）

d）一种可用膝盖控制的小器械。道格是在看见人们开车时用脚就能很轻松地控制油门时萌生这个念头的，于是他就认为人的下肢就是一个很好的控制器。

道格对以上几种小创意都进行了测试，看看人们将光标从一个地点挪到另一个地点各需要花多长时间，比较哪一种更方便人们操作。虽然看起来这几个创意都很不错，但经过实践检验，有一些器械在长时间使用后就会使人感到很累。比如说，如果连续举着光笔触摸屏幕，时间长了手腕就有些吃不消。经过所有这些测试之后，道格决定使用木片装置，它至少让手有一个支撑点。

27

一些非常难的测试题（只供天才使用）

当道格和同事们开发木片装置时，那根连接线从装置的屁股后边伸出来，使得整个装置看起来有点像：

a）设得兰群岛的小马驹

b）现烤的饼

c）猩猩

d）以上都不像

答案

d）以上都不像。道格和同事们认为那个玩意儿更像一只老鼠。

怎么样，你承认自己不是天才了吧。虽然现在全世界千千万万台电脑旁都有一只"老鼠"在出没，但如果没有道格的这项伟大发明，恐怕人类要用上鼠标还得多等上20年。

第二种，别苦恼，给你一个超文本就一切OK了

首先问一个愚蠢的问题：你通常怎样阅读故事书？最明智的回答就是：如果你脑子有毛病，那就马上翻到书的最后一页，看看坏人是否受到惩罚，好人是不是有好报。我是一个正常的人，当然会先翻到第1页，看完后再阅读第2、3、4、5、6页，直到最后一页（或者睡着了）。这就是阅读时讲究的一种方法，叫直线阅读或连续阅读。

但是如果你要看的是一本理论书，或是几本理论书，为了更快地掌握更多的信息，你有可能先阅读其中一部分，然后再跳到另外一部分（这一部分很有可能在另一本书里），或者看完前面再看后面，然后再回过头去看前面的部分，因为你的思维"火车"会时而带你到这儿，时而带你到那儿，所以你看书时也就不会按部就班了。

这就是阅读时讲究的另一种方法叫非直线阅读或非连续阅读。但不幸的是，以非直线、非连续的方式进行阅读可能会有一些麻烦，尤其是要同时看很多本书时，会看得人头昏脑涨的。

　　20世纪60年代，有一位名叫泰德·尼尔森的人说，如果计算机技术能够让人以非连续的方式进行阅读，而且是想看哪本书就看哪本书，想看哪一部分就看哪一部分，从这儿抄点信息、从那儿摘点资料，最后得到一大堆知识，那就太酷了。想达到这个目的，你抱着一大堆书这儿翻翻那儿看看也能做到，但就是太慢太费精力，借助计算机就可以做到速度无限快、信息量无限大。泰德说的这个东西其实就是20年前范尼瓦所推崇的那个想象出来的"麦麦克斯"。泰德管这个东西叫"超文本"，有了这个工具，几万亿页或更多的网页都可以呈现在你的面前。这个设想不久就变成了现实。

第三种，又有人提出一种"龟"的设想

　　在泰德提出超文本设想和道格发明灵巧的光标移动装置20年后，有几家公司开始用道格的鼠标进行实验。

　　其中一家公司就是苹果公司，他们正在忙于开发一种叫作GUI（音，龟）的系统，意思是图形用户界面。"GUI"是一种将计算机里的内容完全奉献在读者面前的革命性方式，这种新鲜玩意儿可以这么解释：在1984年以前，电脑对于普通人来说是非

常非常不好掌握的，除非他是一位电脑专家，或者是一个不可救药的家伙（或者说他的智力水平相当于一个两岁小孩，因为小孩就知道瞎动，对他来说操作计算机就跟吮吸手指头一样有趣）。对于初学者来说，如果想让计算机做一些事情，那就必须输入大量的命令，而这些命令是非常专业化的。

即便是精通计算机的人，也只有通过抽象的"语言"与计算机实现人机交流，而这种"语言"竟是些让人头疼不已的数字和字母。它不像那些图形和标签，用户一看就明白。所以，对于那些计算机盲（像作家、出版商、艺术家、设计师以及教师等）来说，使用软件真是一件十分痛苦的事情。正是认识到这一点，认识到作家一类的人在计算机方面都还十分稚嫩，苹果公司的两位创始人史蒂夫·乔布斯和史蒂夫·渥兹涅克说出了以下这番话：

让我们做一个假设，就是把那些抽象的编码和数字用一些漂亮的图画和图像代替，做成一个漂亮的桌面，把那些烦人的程序、文件、文档以及文件夹都隐藏在这些图画和图像当中，然后再加上一个废纸篓放那些删除的文件（这个废纸篓是不是像一个吃掉一半的培根三明治），这样的话，那些机盲们用电脑就像在家洗澡一样容易了。

这样，这哥儿俩就开始把道格的"老鼠"和他们自己的"乌龟"撮合到一块儿……

苹果公司的这个创意后来被证明非常有用，几乎所有的搞创作的人都非常喜欢，但再好的事情往往也有一些例外……

唉，这就是现实。超文本的创意最初是由泰德提出的，结果却被苹果公司两个初出茅庐的毛孩子像变戏法儿那样变成了现实，是他们设计出了一种简洁的方法，只要"点击图标"，就可以完成想要做的事。现在关键就是要有人把这只"鼠"和"龟"结合起来。下面我们将介绍几个人，但首先这是不是……

只有"电脑精英"才能做到吗?

到了20世纪80年代末期,互联网开始疯狂发展,那速度可比现在的红头发、黄头发的流行速度要快多了,大批的人如科学家、疯狂的研究人员、数学家、演说家以及学生们都惊奇地发现,有了这个互联网,人们彼此之间互相联系起来就特别方便。

这就是人们在20世纪80年代一直使用的互联网的情形。1989年,一位名叫菲利普·伊米瓦的伟大的非洲数学家进行了世界上规模最大的一次运算,达到了惊人的每秒3.1万亿次的速度!他是

怎么做到的呢？你可能想象不到，他是利用互联网将世界上6.5万个独立的计算机联在一个叫做连通机的东西上来进行的，一旦这些计算机被联在一起，它们就会将各自的虚拟的"头"聚集到一块儿，于是就得到了这个效果。谈到这个计算计划时，菲利普说，他本来可以用一个更昂贵的超级计算机来完成这个试验，但这样的话就好像用8头公牛来拉一辆货车一样，显不出有什么特别之处，但他把6.5万个独立的计算机联在一起，更像是把6.5万只小鸡拴在一起来拉货车，这个场面和意义就与前者不可同日而语了。他说，如果真是一群合作精神非常好的鸡，那么它们应该能够比8头牛做得更好。

　　教授们和刻苦的学生以及像菲利普一样的人都能很好地玩转互联网，可是大街上更多的是成千上万个网盲（对，指的就是像你这样的人），他们或多或少都无视于这个闪耀着智慧之光的冒险乐园的存在，这个乐园就是计算机世界，所以最终他们也像你一样无所作为。但后来终于有人发明了这个令人惊喜的、足以永远改变以前那种状况的新鲜玩意儿，这个人就是我们接下来要讲的……

计算机界的超级巨星

迪姆·李伯纳（1955— ）

很多人都认为迪姆应该叫万维网先生。他1955年出生于英国伦敦，父母都在一家计算机企业工作，这样他就比一般人更有机会接触到计算机。他经常花很多时间摆弄有故障的电脑，用纸盒子做电脑模型。上学后，他广泛涉猎各种知识领域，头脑逐渐丰富起来。后来，他进入牛津大学学习物理和电子专业，1976年大学毕业后开始潜心研究一些非常有用的东西，如现在普遍在商品上印刷的条形码。虽然兴趣在这方面，但他最终进了一家十分著名的物理实验室——CERN（欧洲原子能研究中心）。该中心坐落于瑞士的日内瓦，它的研究人员分属于世界各地的实验室，研究各种不同的项目。为了让自己记住这些研究人员各自从事什么研究，分别在哪里，什么时候、用何种方式互相交流，他开发出了一套软件，并自称这套软

万维网先生

件是一件"记忆工具"。它实际上就是一套相当复杂的计划表，每一张纸上都记载着很多事项，互相之间用一些彩色的箭头串联起来。

35

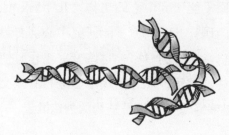

    他把这套程序叫"对万事提问"，这实际上是根据他小时候特别爱读的维多利亚时代的一本书的书名得来的（这并不是说他这个人生活在维多利亚时代）。

36

迪姆带来的变化

    迪姆的"提问"概念一直都萦绕在他的脑海里。虽然他曾暂时中断了在欧洲原子能研究中心的工作，几年后，他还是回到了那里继续从事他的研究。欧洲原子能研究中心拥有许多分散在世界各地进行各种科学研究的专家，这些专家工作时使用了各种不同的计算机和软件，这给彼此之间用电脑进行有效交流制造了很大的障碍。下面这种情景更激发了迪姆的创造欲望……

经历过几次这样的拉锯对话后，迪姆就想，如果有一个既好用又简便还直接的系统使所有的人都能毫无阻碍地共享他们所有的文件系统，那么自己做的工作，同事们都能知道，同事们所做的事情自己也了解，这样交流起来就容易多了。换句话说，这个系统就是他提出的"提问"系统，只不过这个系统更大一些，是全球性的。于是他又投身于这个程序的开发工作中。这个系统就是我们现在所熟知并且经常有人上去冲浪的全球资讯系统。迪姆说，已经有一些人，如道格、泰德以及史蒂夫哥儿俩，为他的这个设想变成现实打下了理论基础，他要做的工作无非就是把这些分散的理论综合在一起，从而创造一个惊人的发明，这就是我们都知道的……

网络小故事

万维网

当迪姆有了这种集成各种创意的想法后，他就在考虑把这个综合体叫什么名字。下面是他最终定名前想到的一些名称……

1. "资讯大网"或"大网"。不过迪姆并不喜欢这个叫法，因为它听起来有点像渔夫捕鱼的网，上面沾满了各种各样的杂质，显得脏兮兮的，尤其是从渔民的嘴里说出来就更像一张捕鱼的网。

这张网把我们都给罩住了！

2. "资讯之源"。迪姆也不太喜欢这个叫法，因为它的英文缩写是MOI，听起来有点像法文的"我"的发音。作为一个特别优雅的人，迪姆想要的是一个听起来特别大气而又特别形象的名字。

3."信息源"。迪姆又把它的英文缩写TIM念了一遍，这不就是自己的名字吗？这成什么了？这不让人说自己喜欢炫耀自已吗？这个叫法也不行。

各位看好了，我就是迪姆，我就是TIM这个伟大创举的缔造者！

迪姆是如何织就这张"万维网"的

迪姆的主要想法就是创造一个简单的全球资讯空间，在这个空间里，来自全球各地的人们都能够共享他们的知识、思想甚至聪明才智。

他想让人们能够特别方便特别迅速地把所要表达的告诉其他人，并且从他人那里得到自己想要的信息，这些共有的信息绝不能由个别人或者是一小撮人控制着。

他认为这个空间应该属于地球上的每一个人。为了让自己的这些梦想变成现实，他还必须解决以下几个难题：

难题一 互联网是一个毫无组织、杂乱无章的地方，进入那

里的人都用不同类型的电脑和电脑编码互相交流，就像一个边境大集市，里面的人操着各种语言，用各种手势夹杂着各地方言进行交流。

解决办法 迪姆的计划是用一种基于互联网的规范的单一的电脑语言代替那些互不相同的乱七八糟的电脑语言。他根据泰德的超文本理论，创造出一种新的计算机语言HTML（超文本标记语言）。

HTML是一种网络通用语言，运用它，人们可以把文本文件、声音文件和图片文件放在网页上。超文本很容易被人理解并掌握，因为它通常都包含一些带有彩色下画线的句子，如"超文本链接"*。如果点击这个语句，就好像在一个弹簧上起跳一样，会把你带入一个新的（但却是与该语句内容相关的）信息区域。

41

* 这是对该语句的特别标注。当你在电脑上读到本书有下画线文本，不要试图点击它，因为它只是本书中的一个例子，而不是网站上的网页的名称，无论你怎么点击都不会弹出一个新的界面，那只能使你显得无知。

难题二 需要有一个能够让下画线语句与它所代表的文件内容直接连接的工具。

解决办法 迪姆编写了一套程序文件，它所包含的协议（也就是一种规则）规定了信息应该怎样通过互联网从一台计算机传送到另一台计算机。他把这套程序文件叫作超文本传输协议（HTTP），有了这个东西，就能马上将用户直接送到下画线语句所指向的新内容中。

难题三 为了得到储存在别的电脑上的信息内容，用户往往需要键入一长串的命令，如果你不是电脑专家，这项工作将是十分困难的。一旦输入一个错误的字母或者数字，计算机就会把你送到一个小阴沟里，你想爬出来都难。

解决办法 迪姆设计了一种简单的地址系统，即使像你一样的普通门外汉也很容易理解并操作。他把这个地址系统叫作URI，意思就是通用资源指针，现在一般叫通用资源定位器URL（你不用特别理解这个词的意思），〈http://www.herdofnerds.info〉是一个很平常的网址，其中http表示这是一个网页的地址，"www."代表"万维网"，herdofnerds代表提供网页的主办机构的名字，".info"是告诉你你所要的内容是由一个信息组织出版的一个文档或一个文档群组。一旦某个文档被附加上一个URL，它就能通过一个特定的服务器传输出去，并且能够被某个灵巧的软件找到，这个软件就是……算了，以后再告诉你吧。

难题四 普通人一般都没有浏览网页的工具，如何才能让他们看到那些精彩的网页？

解决办法 迪姆发明了第一台专门用于上网的互联网浏览器，有了它，用户只要还在地球上，无论他在哪里，都能很方便地在电脑屏幕前饱览精彩的网上内容。所谓浏览器，就是一种计算机程序软件，它能够让人们很轻松地登录互联网。

走开，别做梦了，互联网是全球人的互联网，不是某个人的

当迪姆成功地开发出简便易用的互联网之后，消息很快传到了一些大商人的耳中，他们纷纷找上门来，要求出重金将互联网这项伟大的发明买下来以便自己独享，同时能够更好地控制别人来使用，如果别人想要用，那就得向他们支付大把的钞票。

但是迪姆面对这些诱惑并没有动心，他拒绝了所有的大款，因为他想让每个人都有一条通往互联网的自由之路。他没有利用互联网去换取堆积如山的美元或英镑，他更感兴趣的是，互联网已经证明，每个人都可以有自己的创意，并且有能力把这些创意变成事实。他说他想用自己的经历向那些胸怀梦想的人说，一旦你有一个梦想，那么就千万不要放弃，要勇往直前地走下去，这就是互联网发明的意义所在。

44

精彩的万维网——迪姆时代

1945年，范尼瓦·布什梦想到了麦麦克斯机。

1964年，尼尔森·泰德提出了超文本的创意。

1965年，道格·英格尔巴特做出了第一个"老鼠"（鼠标）。

1980年，迪姆·李伯纳规划出了"提问"蓝图。

1984年，苹果公司的史蒂夫哥儿俩首推"图形用户界面"概念。

1990年，迪姆实现了他的万维网梦想，在那一年的圣诞节，他和他在欧洲原子能研究中心的伙伴打开了网络服务器（它能够把万维网上的网页传送到万维网浏览器上），这是世界上第一个服务器，它的地址是cern .ch。

1990年，一位名叫艾·戈尔的美国政治家叹服于万维网的魅力，把它叫作信息超级高速公路（据说就在这天的稍后一段时间有一个家伙就在网上被超速行驶的超文本"挤扁"了）。

1991年，第一台可供公众购买的网络浏览器制造成功，这就意味着你可以不停地从这个网站转到另一个网站，在这儿看看，然后再到那儿聊聊。

45

1992年，一位作家提出了"网上冲浪"这个短语，时至今日这个词我们都已经耳熟能详了，都知道"网上冲浪"实际是什么意思。

1993年，一位名叫马克·安瑞森的22岁的少年开发了名为马赛克的网络浏览器程序，它首次实现了让人们在网上看图片的功能。但迪姆不太关心网上放置图片的设想，还对小马克颇有微词（绝不是"颇有微图"）。马克最终成立了"网景"公司，几乎在一夜之间，他就成了百万富翁。

1994年，日本首相和必胜客都上网了（但不在同一个网站上）。互联网以每年341634％的速度增长，当时大概有1万个网络服务器在线（在互联网上），在如此多的地址（网址）和不同的网页中找一条属于自己的路真的很难哪。有两个学生又提出一个很具建设性的创意，即能不能有

46

一个搜索引擎来帮助人们很快找到所需的东西。后来这两个人也成功了，他们把这个搜索引擎叫做Yahoo（雅虎）。

1996年，这一年有2.3万个服务器在线。一个叫作tv.com的域（网址）名卖了1.5万美元。

1997年，约有100万个网址在线，域名business.com卖了15万美元。

1998年，互联网以跳跃式和弹跳式迅猛发展，世界上大约有1.02亿人在使用互联网，但全英国却只有5％的人上网。

47

1999年，一家叫last-minute.com（最后一分钟）的英国公司开始在网上推行"最后一分钟打折假日"活动。半年以后，该公司股份在证券交易市场出售，据说该公司的创始人之一——马沙·兰福克斯的个人身价达到4900万英镑。互联网热就

像一种超级病毒一样很快在世界范围内蔓延，每个人都在谈论万维网，成千上万想发家致富的人们纷纷成立了网上电子商业公司出售各种东西，从牙签到乌龟，无所不卖。

　　2000年，英国大概有600万个家庭用上了互联网。一家叫boo.com的网络公司成立了，它专门销售时装，由于耗资巨大，很快就破产了（并且很快更名为呜呜.com。什么意思？人破产了当然要"呜呜"地哭了，小笨蛋）。

　　2001年，超过1000万个英国家庭使用互联网，世界上每8秒钟就有一个人成为网民，互联网接线员说他都快累死了（这只是个比喻，根本没有这种人）。这一年，全世界大概有5亿网民。

　　2002年，全球网民人数达到了5.442亿，而且这一数字还在增长。

搜索引擎

　　搜索引擎用的是一种叫做蜘蛛或网上行者的小软件，它经常在互联网所拥有的上百万个网页附近游走，时不时地看看这些网页，并且记住了它们所在的位置，然后把所记住的东西列出一个清单以便查找，所以当你向搜索引擎发出这样的指令时：

睁大眼睛看
有趣的法国菜
食谱

　　这时引擎就会赶紧跑过去寻找与你想要的内容最匹配的网站，然后把找到的结果显示在屏幕上，这时你就可以点击所有那些带下画线的语句，找到更详细的内容。这还不是搜索引擎的全部工作内容，当每天成千上万的新网页添加到互联网上时，这些"蜘蛛"们就会到处奔走去收集这些新网页的数据，以使自己跟上互联网的发展步伐。

49

网络小故事

砖式打印机

　　互联网上的大搜索工具Google的老板莱瑞·佩吉曾经用乐高砖给自己做了一台喷墨打印机。

这台打印机比塑料做的要好用多了。

嘟嘟咚咚

小测试：

下列4个选项中，有一个是"信息超级高速公路"的英文"Information Superhighway"打乱字母顺序后得到的词句，请你在10秒钟之内选出正确的答案，或者用你的电脑做出来：

a) Hi ho! Yow! I'm surfing the Arpanet!

b) Enormous hairy pig with fan.

c) Waiting for a promise.huh?

d) A rude whimper of insanity.

我可不是在给你提醒！

答案

b)。

像网虫一样说话

　　几乎所有的新发明和新创意都会带来一种全新的说话方式，互联网的到来也催生了一种全新的语言，要想详细描述、翻译、理解这些语言，恐怕得编上一本书。简而言之，网络语言就像是疯子说的话，有时候真让正常人听不明白。

　　哪个词汇听起来都有点古怪！在带领你领会这些词汇前，先让你尝一尝这种滋味……

网虫怎样说话

老鸟（AIpha Geek）就是电脑和网络功夫特别高的人。他们精通几乎所有与电脑或网络有关的事情，可除此之外，就不好说了。

51

鼠标监禁（Being under "mouse arrest"）意思是说你可能做过很多得罪互联网服务商的事情，以至于他拒绝你进入网络。

见网友（Boinking）跟那些与你在网上聊天的人见面。

发帖子（Blogging）这是那些拥有自己的网站的人所做的事情。它由"网络登录"这个短语演变而来，指的是一种网络日记，由版主每天开辟一个新入口供其他上网者阅读，在这里，人们谈论着世界上发生的要闻，讲述着互联网上的新鲜事和其他一些有趣的事情。

彻宁（Churning）读者、开网站的和网络服务商等人晚上躺在床上担心别人做的一种事情。为什么会这样？因为"彻宁"就意味着对产品、服务和网站失去了兴趣，离开之后就再也不回来了。为了防止你"彻宁"，这些商人们会尽最大努力变出各种花样，用一些令人兴奋的事来激发你的兴趣，商人们认为，这样做会使自己的网站更有吸引力。

蜘蛛网站（Cobweb site）长时间不更新的网站。尤其当你作研究的时候，那上面的内容会让你感到十分沮丧。在"全球互联网清理日"（见第117页），它们会被从互联网上清理掉。

死树版（Dead tree edition）把像报纸一样的版面放在网络上。

大佬（Gigerati）这是对全球那些互联网界和电脑界大腕的称呼，如比尔·盖茨、迪姆·李伯纳、史蒂夫·乔布斯和史蒂夫·渥兹涅克。

多力托综合征（Dorito syndrome）做了一些对自己来说不一定有好处的事后所产生的那种空虚、沮丧的感觉（例如，吃了成吨的薯片）……

也许这种感觉来自长时间上网后。

自负冲浪（Ego—surfing）把自己的名字输入到搜索引擎里，希望至少能够找到一个网站说自己是世界上最聪明、最受欢迎、最英俊、最成功和最富有的人，这种事情作家是不会去干的。

挑衅邮件（Flame mail）由一些十分疯狂的人发出的惹人生气的电子邮件。

状态栏（Grey bar land）就是从电脑的一端走向另一端、提示打开网站进度的灰

像火一样疯狂！

条。当你打开一个网站时，你的双眼就会一直盯着它，希望它赶快走到尽头。有一些人不管他们是否在电脑前，他们好像一生都生活在这种灰色地带里。

54

戒网（Gronking out）当自己觉得上网很无聊时所做的事，因为上网无聊而暂停上网。

网络失忆症（Internesia）是指人在上网后经历的失忆的状况，虽然你知道自己在网上看到了很多资讯，但是由于上过的网站太多了，你无论如何都记不起来到底在哪个网站曾经见到过某个东西。

无效链接（Link rot）是说网站上的超文本链接或多或少都无效。

如果链接无效，那就说明这网站很可能不存在，是一个……

404错误 一些无效的链接。当你试图链接一个网站或打开一个文件时，会提示你所做的链接不能定位，通常这个提示是这样的：ERROE 404 URL not found.

潜水（Lurking）用户访问聊天室时经常做的一件事。进入聊天室后，一些人不是加入到聊天的队伍中，而是在一边看别人都说些什么，有点像参加聚会时躲在一边看别人的那种情形。

网民（Netizen）网络空间的公民。网民们经常使用互联网，他们的想法就跟迪姆·李伯纳一样，相信互联网就是让人用来发布和使用任何东西的公共资源。

菜鸟（Newbie） 初次或刚开始使用互联网的人。

开领（Open collarworkers） 在家里上网工作的人。之所以这么称呼这种人，是因为他们工作时不需要打领带，衣领经常是敞开的。

表情符号（Shouting） 这是专门用来形容那些发信息时使用大写字母的情形，这么做的目的是引起收信人的注意，告诉收信人你是真的特别……生气，也许是因为你经常收到大量的下面这种东西……

垃圾邮件（Spam） 向你兜售东西的信息或广告，这种东西很让人烦。

全球等待（World wide wait） 有些人说www时实际不是说互联网，而是指这种全球等待，因为有时要链接一个网站需要特别长的时间，让人感觉与其想上这个网站，还不如直接骑上一辆自行车到网站所在地来得更快捷一些。

互联网大发展

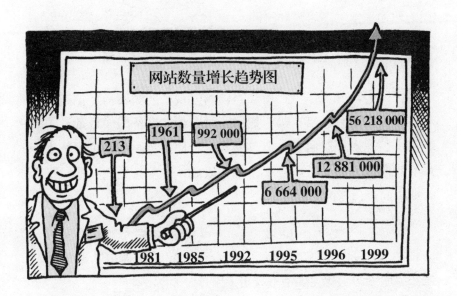

网站数量增长趋势图

213 1961 992 000 56 218 000 6 664 000 12 881 000

1981 1985 1992 1995 1996 1999

迪姆发明的互联网是一个巨大的成功，很多人都认为，互联网就是万维网，万维网就是互联网，两者只是叫法不一样，实质却是相同的。一时间，成百上千的个人和组织都冲向那个精彩的万维网，在网上建立自己的网站，给自己的生意做广告，在上边讲笑话，卖东西，还光顾聊天室，在网上进行自己的研究，偶尔还从网上买东西。

虽然迪姆最初的目的是想把互联网做成一个收集信息和接受教育的工具，但有很多人利用它赚大钱，由于很多网上商务公司的网站都是以".com"（俗语念作"刀抗母"）做后缀的，那些网上致富的新贵们被人们戏称为"刀抗母百万富翁"。即使是12岁的黄毛小子也能从网上赚取大量的钞票。你想不想利用网络赚

57

大钱从而成为一个"刀抗母资本家"？如果想，那么就请你多向下面这位汤姆·海飞德学习吧。

网络致富的六个步骤

1. 有一个略通网络的朋友或伙伴。1994年，12岁的小男孩汤姆·海飞德去好朋友拉佩特家玩，拉佩特家就有一台联在网上的电脑，那时，互联网对绝大多数人来说还很陌生。

2. 要全身心地投入。当汤姆发现了互联网后，他连续三个整天没有回家。当爸妈叫他回家时（给他准备的晚饭都长了绿毛了），他说可以回去，但条件是也给他安装一个和拉佩特家一样的互联网。他父母同意了，不久以后，他就开始疯狂地给世界各地的网虫们发电子邮件。

3. 有一个很好的创意。一天，当汤姆光顾聊天室时，一位澳大利亚的网友问道："是否有人知道阿森纳队的比赛结果？"所以汤姆就在屏幕上打出了比分2:0。

他发现，世界各地的喜欢英国足球比赛的球迷们经常很难得到比赛的消息，他们只能通过几天后从英国邮寄过来的报纸获得迟到

的"新闻"（看来英国那些送报的人游泳游得很慢哟），这就让汤姆想到，他可以用E-mail（电子邮件）把比赛的结果发给他们。

4. 给网站起一个响亮的名字。虽然汤姆的创意不错，但并不能让他的那帮网友满意，他们纷纷向他询问比赛过程、裁判员的名字以及观众的人数，并且找他询问的人是越来越多，他忙得顾不上回答每个人的问题。于是，他想，要不，我建立一个自己的网站，然后把所有的比赛消息都放到网站上，这样大家访问我的网站就能够看到了，嗯，我这个网站就叫"足球网"吧！

5. 做大你的网站。一旦网站建立起来并开始运行后，汤姆又把足球队员的详细情况以及有关他们的一些有趣的事情也放到了网上，很快就有成千上万的人每天都上网浏览他的网站。

6. 赶快把网站卖给出价最高的人。后来，有一家大报社对汤姆的网站非常感兴趣，所以他和他爸爸就以一个很可观的价钱与报社成交将网站卖了出去。没过多久，这家报社又以更高的价钱卖给了迪士尼公司，成交价达到2500万美元。到了2000年，据说汤姆开创的足球网价值1100万美元，而这时汤姆还是一个正在上学的孩子，他还不想只花钱不挣钱，于是他很快又忙着思考下一个创意，接下来又办了一个校园网站，上面都是一些关于教师、学生和家长们的消息，据说这个网站也价值数百万。既然这样，那你还等什么呢？赶紧行动吧！

搜索之路

　　有时候，一些非常擅长电脑和网络的小孩自身会有一些缺陷，本·卫就是一个例子。他8岁时被发现在阅读和写作方面有很多障碍，因为他患有难语症，于是当地的议会给了他一台电脑，希望借助于电脑可以提高他的读写技能。电脑在帮助他完成学业的同时，也让他深深地迷恋上了网络。尽管本非常努力地提高自己的读写技能，但他的两个老师却认为他永远不可能提高得太多。本是个非常自强的孩子，他决心用自己的实际行动证明这两个老师的结论是错误的。在他15岁时，他已经有了自己的事业，即帮助人们解决一些计算机问题。不久以后，他又萌生了新的创意——建立一个搜索引擎，帮助商人们节省大量的在网上寻找信息的时间。他给自己的网站取名为waysearch.com，意思就是"搜索之路"，同时也是指"本·卫的搜索引擎"，结果他取得了极大的成功。于是，本放弃了自己的学业，不再只为得到好的学业成绩而日夜努力，这样他就能有更多的时间经营自己的生意。一些大商人认为他的主意不错，便决定向他投入大量的资金以资助他建立自己的搜索引擎。这些商人觉得，他们的举动并不止是单纯地向本的生意投入一些股份，而是想造就一大批像本一样的人，因为本的形象特别适合做这个网站，显得特别有号召力，他们希望本成为一个榜样，教育他们的孩子不要误入歧途，成为一个只会花钱的或是向竞争对手泄密的败家子。因此，在正式投资之前，他们要求本·卫在21岁以前不要做以下几种事情：

1. 欺骗

2. 抽烟

3. 染发

4. 晚上11点以后出去，除非由他们选出的人陪同以便照顾他

5. 酗酒

6. 穿奇装异服做怪异打扮

网络小故事

对于喜爱网络的孩子们来说，无论是汤姆还是本似乎都显得有些遥远。2001年，印度有个名叫阿佳朴力的4岁小孩，他的经历也很有说服力。他在一家计算机学院向教职员工和学生们演示了如何设计一个网站。这个孩子生于1996年，从18个月大的时候开始就一直使用电脑，4岁时已经能够制作相当完备的网站了。他制作的网站也包含超文本链接语句、大拇指指甲盖一样大小的图片、背景音乐以及美化网页的小装饰。他还掌握了大量的计算机技能如文档录入、图表制作等。

你对玩具感兴趣吗？

当然感兴趣了，我刚刚创建了一个所有玩具的交叉索引数据库。

取个什么样的好域名？

汤姆和本都给自己的网站取了个好记的名字。如果你建立了自己的网站并且想让众多的网民们都登录这个网站，你最好给它取一个很响亮的名字，这个名字要么让人看一眼就永远忘不了，要么告诉人们你的网站到底是干什么的。网站的名字就是域名。20世纪90年代末期，当所有的人都为互联网疯狂的时候，一些头脑敏锐的人意识到有一个好的网站名字是多么重要，于是他们也都开始为域名而发狂，不约而同地注册了成千上万个域名，以便在需要的时候使用，或者在适当的时候把它卖给那些需要它的人们。

域名小测试

Procter and Gamble是一家专门从事个人保健品销售的大公司，它的产品遍布全美各大超市。该公司在互联网出现之后，反应迅速，注册了很多域名，其中有一些网站名称很直接地反映出了该公司的业务范围，决不会让人产生误解。下面10个域名中有5个是这个公司注册的，有5个不是，请你判断一下哪5个是，哪5个不是。

1. badbreath（呼吸不好）.com

2. itchybum（长疥疮）.com

3. dandruff（长头皮屑）.com

4. really-got-the-runs（受挖苦）.com

5. sweatypits（有汗味的）.com

6. bottyburps（皮肤病）.com

7. pimples（青春痘）.com

8. underarm（腋下的）.com

9. diarrhoea（腹泻）.com

10. niffy-whiffs（香味）.com

听起来都像我们网站的名字。

答案

2、4、5、6和10不是，其他都是。因为这些商业精英们当然知道应该起一些有诱惑力的名字。

羊叫声也能卖钱！

人人都希望自己能够很快赚到很多钱，于是有一些人就想方设法地在一些大公司注册自己的域名前抢注本应属于人家的网站名，这些域名小偷之所以会这么做，是因为他们想把这些抢注来的域名高价卖给那些大公司。2000年，有一个人注册了一个叫Baa.com的域名，Baa的意思是羊的叫声——咩咩，这个网站上有很多关于羊的信息，不久他就把这个域名以200万英镑的价格卖给了商业巨头——英国机场管理局。

但也不是每个人都通过倒卖网址来挣钱，的确，有一些人，他们即使自己就坐在网络的钱堆上也不知道如何把钱揣入自己的腰包。

荒岛的福音

大多数国家都有一个万维网国际代码，它一般都以网站名字后缀的形式表现出来，比如，法国的网站后缀一般都是fr，英国网站后缀一般都是uk，德国网站后缀是de，美国是世界上唯一一个没有网站国际代码的国家，因为它是互联网大国，几乎世界上一半的商业网站都在美国。太平洋上有一个图瓦卢岛，它的国际代码是tv，而tv又代表电视的意思。但是这个岛上的人家里既没有电视也没有报纸，更不要说互联网了，人们唯一的兴趣就是在太平洋里游泳。由于认识到互联网和电视马上就会在全球形成一个巨大的产业，加利福尼亚一家网络公司就特别想拥有这个岛的国际代码tv，以便将来能够把这个后缀卖给世界上各大电视台，因为他们的网站名必须以tv为后缀，如www.internet.tv或者www.bbc.tv等，你来猜一猜，他们为了得到这两个珍贵的字母拿多少钱跟图瓦卢岛做成了这笔交易？

（a）5美元

（b）5000万美元

（c）5000美元

（d）500美元

（e）一些鱼

答案

　　（b）。这家公司给了图瓦卢人5000万美元，相当于3400万镑金币，摊到每个岛民身上，平均每人得到了3500英镑，这个数字相当于该岛公民25年工资的总和。

网络小故事

　　有一个叫汤墨·克里斯的以色列人特别醉心于迪姆发明的互联网，于是他干脆把自己的名字改成了to.com，痴情如此，谁又能说他什么呢？

哈利·波特域名风波

克莱尔·菲尔德是一个哈利·波特迷，她建立了一家网站叫www.harrypotterguide.co.uk意思是"哈利·波特指南"，但是此举却招来了华纳电影公司的不满。这是一家非常知名的娱乐公司，该公司认为他们拥有与哈利·波特这部电影有关的全部事务的权利，包括销售有关图书以及影片里所有人物和道具的造型，如涡轮扫帚等。于是，他们给这个小女孩写了一封信，要求她把这个网站名的所有权移交给该公司。很多人毫无疑义地认为，要让这个势单力薄、孤立无援的小姑娘与一家全球知名的公司抗衡，对她来说是很不公平、很残忍的事。所以，很多波特迷都不同意华纳兄弟公司的这种做法，纷纷出面对小姑娘表示支持，最后弄得电影公司也没办法，只好说，如果克莱尔承认哈利·波特是电影公司的，小姑娘还可以保留这个网站。

现在很多人都认识到互联网是一个进行商品交易的好地方，建一家好的网上商城就相当于在世界最繁华的地方开了一家商场，通过这个网上商城可以买卖任何商品，即使是这种商品——尿。

网上卖尿

有一个名叫肯奈·科蒂斯的美国人专门在网上卖自己的尿，顾客可以通过PC机(有的人干脆把它念成"屁尿机")浏览到该网站。尿听起来有点恶心，但很多人都跟它打交道，如运动员通常都要通过尿检来查明是否服用了兴奋剂，警察也经常对涉嫌违章或犯罪的人进行尿检，来查明其是否服用了某种药物。所以肯奈就决定向这些人出售自己的纯净尿（即不含药物的尿），以便运动员们在服用了兴奋剂后可以用他的尿去对付检查，否则一旦被查出服用了违禁药物，他们就会遭到取消成绩、禁赛、罚款等处罚。

他们把买来的尿装在一个小袋子里，然后贴身带着，保证它与体温一样高，以此证明这些尿是刚刚从身体里放出来的而不是早就准备好的。为了确保做到与体温一致，肯奈甚至还想到在容器上装一个加热装置。当警察最终发现了肯奈的小把戏后，就把他逮捕了，但肯奈面对警察还振振有词：“你说，我在网上不卖尿还能卖什么？你说我能卖什么？”

这话听起来还真有些道理。你说，你刚刚买了一个东西没多久就不喜欢了，那你该怎么处理呢？当然是把它卖了！肯奈的尿撒出来自己就用不着了，于是他就选择了网上卖尿，他还真有一套歪理！

在网上做大买卖

互联网上最知名的拍卖网站叫eBay.com，通常情况下，这家网站每天都有约2万件商品出售，大量的网民光顾这家网站想从里面淘金。当然，在这么多种商品里头，肯定会时不时的有一些稀奇古怪的玩意儿要卖。看看以下这些商品清单，判断一下哪些东西是eBay网站真正出售过的。

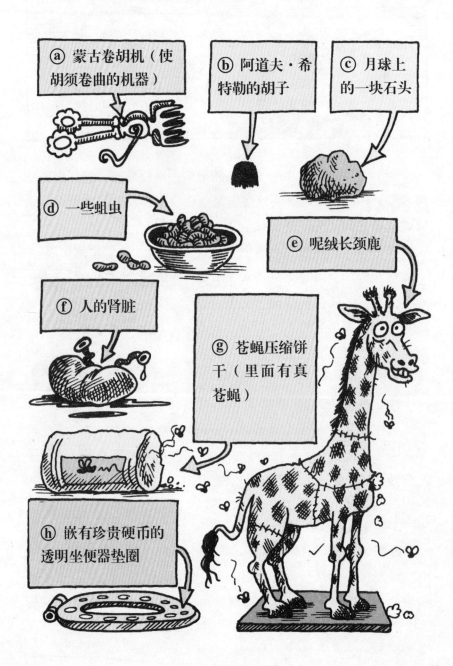

ⓐ 蒙古卷胡机（使胡须卷曲的机器）

ⓑ 阿道夫·希特勒的胡子

ⓒ 月球上的一块石头

ⓓ 一些蛆虫

ⓔ 呢绒长颈鹿

ⓕ 人的肾脏

ⓖ 苍蝇压缩饼干（里面有真苍蝇）

ⓗ 嵌有珍贵硬币的透明坐便器垫圈

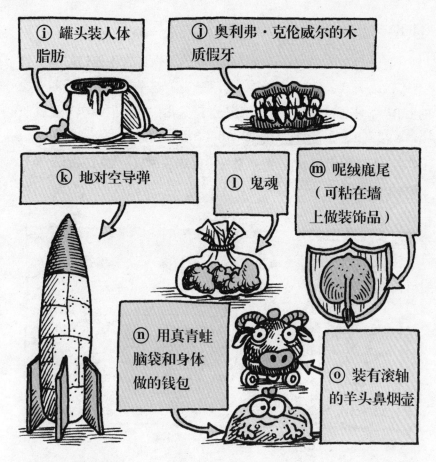

ⓘ 罐头装人体脂肪

ⓙ 奥利弗·克伦威尔的木质假牙

ⓚ 地对空导弹

ⓛ 鬼魂

ⓜ 呢绒鹿尾（可粘在墙上做装饰品）

ⓝ 用真青蛙脑袋和身体做的钱包

ⓞ 装有滚轴的羊头鼻烟壶

答案

a）真的。b）假的。因为1945年在希特勒自杀后，他的胡子被他的仆人连同其他一些物品一块儿烧掉了。c）真的。d）真的。e）真的。f）真的。2000年2月，有人在eBay网上出售自己的肾脏，并称可以在瑞士的苏黎世交货，不久以后有人出价6000美元购买，但这时eBay网已经停止了该物品的销售。g）假的。h）真的。i）假的。j）假的。k）真的。l）真的。实际上它只是一个用袋子装着的泡沫，只不过袋子上贴了个"鬼魂"的标签。m）真的。有人用90美元买到过。n）真的。o）真的。

gagaga.com

有一对美国夫妇在各个拍卖类网站上做广告说他们的新生婴儿可以以大商人的公司命名，意思是说，这个孩子以这些商人的公司或商号名称命名，这个孩子走到哪儿，商人们的广告也就做到哪儿，也就是说这孩子相当于一个流动的活广告。这对夫妇希望某家大公司出价30万英镑来获得优先使用权。你可以想象接下来将要发生的事……

所以你很容易想象到，根本不可能有人响应他们的这个馊主意，最后他们不得不给自己的婴儿起名叫泽恩。

网络小故事

看哪，这个广告上的表多好啊！

有一个来自英国东北部桑德兰的男子在eBay网上看到了一张特别精美的劳力士表的图片广告，说要出售。他想，如果把这只表买下来送给妻子作生日礼物再好不过了，所以就出价5000英镑希望能把它买下来，结果他的报价被接受了，

这让他非常高兴，因为通常情况下二手劳力士表价格一般都在12 000英镑左右。他很快就把钱寄出去了。没过多久，他就收到了网站寄过来的包裹，打开一看，差点没把他给气死，原来寄过来的只是那张劳力士表的图片。于是他写信谴责经销商不诚信，人家经销商给他发了个电子邮件说，他们想要卖的本来就是一张图片而不是真的劳力士表，是他误解了。

正确地写出电子邮件地址

当电视刚刚面世的时候，人们看电视时通常都穿得很正式，因为他们认为电视里的人能够看到自己和自己的家。到了互联网时代，人们对这项技术都有所了解了，所以他们在网上冲浪的时候都穿得很随意。2000年，有一家搜索引擎公司想知道英国人上网时都穿什么，所以他们委托国家民意测验机构对1000个人做了随机访问，以下是他们得到的一些统计数据：

1. 在伦敦、英国东部和威尔士，人们上网时最常穿的衣服是T恤衫和牛仔裤，占总人数的60％～70％。

2. 英国西南部有27％的女人在给朋友发电子邮件、网上聊天、网上购物时通常只穿内衣。

3. 英格兰中部有46％的人说他们在上网时穿着睡衣。

4. 约克郡有8％的人说他们上网时一般都一丝不挂。

所以，你也可以穿着T恤衫和牛仔裤上网，这样显得很潇洒。

71

网络冲浪

10个古怪的网站

1. www.let—me—stay—tor—a—day.com

　　荷兰有一个学新闻的学生，他想环游世界，但囊中羞涩，无力支付昂贵的酒店及各种旅行费用，所以就建了一个网站，要求全球的网民每人接待他一晚。这个学生名叫拉蒙·多比伦，在发出这样的请求后，他接到了几百个网民的盛情邀请。于是，在2001年5月1日，他起程了，开始了环球旅行。他把自己每天经历的事、碰到的人都用日记的形式记载下来，并把这些精彩内容放在了自己的网站上。有一点可能是拉蒙没有想到的，那就是这些热心接待他的人都抱有一个共同的想法，就是希望有一天自己旅行时也能够得到拉蒙的帮助。

2. www.allmylifeforsale.com

有一个名叫约翰·弗利耶的美国人欠了银行5000美元，于是他决定把自己所有的东西都放在网上出售来还债。后来，来了50个朋友帮他把所有值钱的东西进行分类，然后列了一张清单放在自己的网站上。他所卖的东西

不过就是一件粉色衬衫、12个炸玉米饼，还有一双棒球鞋，值不了几个钱，所以他又把自己网站的名字也给拍卖了，接着他就开始环美旅行，逐一去探访他的那些老物件。

3. www.hatsofmeat.com

快看一看这个有趣的网站吧，网站上都是一些用肉做成的帽子的图片，既有猪肉派帽子，也有带一根帽绳的、发着嗞嗞声的肉肠帽子。如果你非常想拥有一个属于自己的肉帽子，你还可以在网上看一段电视短片，它可以教你如何用肉制成帽子。

4. www.icepick.com

有一对叫卡伦和阿历克丝的荷兰夫妇养了一只猫叫思巴克，这对夫妇自1998年以来坚持每天记录发生在他们家中的事情。如果有兴趣，你也可以浏览一下他们的网站，看一看他们是如何捕捉那些令人心动的镜头并且最终汇集成册，推出"冰箱开门"系列读物。要是你想知道得再详细些，还可以看看他们网站上的那些引人入胜的页面。比如说，如果你浏览了他们2001年8月4日的内容，你就会发现，他们家的冰箱门自1998年6月12日以来总共被开启了17 611次，平均每次开启的时间为3 738 656 873秒。如果你对这些统计数字很感兴趣，你还可以看看他们家那个有趣的门铃、那只经常光顾自己食碗的猫以及刚刚冲完的厕所。

5. www.worstcasescenarios.com

这是一个适合神经质的人（或者喜欢冒险的人）的网站。在这个网站，你可以学习到各种摆脱危险的技能，它会告诉你在受到鲨鱼袭击时该做什么，身陷陷阱时该怎么办，跳伞时降落伞出故障了怎么办等等。

那个网站的URL是什么？

6. www.freeweb.pdq.net / headstrong

这个网站也非常有名，它主要是教你在厨房里做一些不同寻常的食物，并且总是创造性地尝试从未有人做过的食品。它为那些喜爱厨艺的人们提供了以下一些奇特的内容：很多标明了作者的食谱，如怎样使鸡蛋壳透明，怎样把一个煮熟的鸡蛋塞入窄口瓶里，还有一些绝对好吃但不太好听的厨艺，如怎样制作一个假的萎缩的人头等等。所以必须事先警告你，有一些内容比较复杂，做起来比较危险，所以你如果想按照网站上的内容去做的话，必须有一个大人在身边陪同。

你肯定那上边说的是用开水煮3个小时吗？

7. www.mirrorimage.com/air/page05.html

这个绝妙的网站会告诉你，你曾经想知道的有关神秘乐器的一切事情，如空气吉他（空气吉他就是一种看不见的吉他，一些悲伤的成年人和极度兴奋的少年们经常喜欢在卧室的镜子前或狂野的聚会上弹奏这种吉他），这个网站就是要教你如何很好地弹奏空气吉他，如何正确地拿吉他、怎么用它来演奏不同风格的音乐如爵士乐、摇滚乐以及流行音乐。网站甚至还有空气吉他出售，据说这些吉他都是从那些用得很顺手的音乐家手里弄过来的。

8. www.smilie.com / digimask_done.php3

如果你想领导计算机界的潮流，你可以把自己的头像扫描下来，向这个网站发送两张头部的数码照片，然后填一些很重要的统计表格。网站会在几分钟之内根据你传送的图片和所填的表格制作一个会说话的三维数

字面具，然后，你就可以做你想做的事了，如把这个面具用电子邮件发给你的朋友，可以在面具上试戴从网上买来的眼镜和假发之类的东西，还可以戴着这个面具去聊天室，或者在玩在线摔跤游戏时把面具换在其中的一个主角

头上，这样可以使你显得很时髦。

9. www.animalmummies.com / adoptfiles / list.
html

这个网站会向你提供一个领养埃及木乃伊的机会，但这种木乃伊不是人的，而是猫、鳄鱼和狗这类动物的木乃伊，因为所有这些古代工艺品都需要有人维护，否则它们就会成为碎渣。领养一只木乃伊狗大约需要花费60英镑，鱼需要

30英镑，鳄鱼蛋则更便宜，只需要15英镑。

顺便说一下，如果你不喜欢这些死木乃伊，你也

可以去领养一些活的奶牛，大约需花费28英镑，但必须上另外一个荷兰网站：www.adopteereenkoe.nl。

10. www.setiathome.ssI.berkeley.edu

这个网站是由一些科学家建立的，他们建立这个网站的目的是想知道是否存在外太空智慧生命。太空中经常发出大量的不明来源的电磁波信号，这些专家们也不可能对每个信号都进行检查以便确定这些信号是不是从外太空人那里传过来的，所以这帮人（指科学家而不是外星人）就招募了一些网上冲浪者来帮他们做一些辅助性的工作。到目前为止，约有50万个志愿者报了名参加到这个规模庞大的研究项目中来。当然，如果你感兴趣，也可以参加进来。千万不要因为自己什么都不懂而有所顾虑，因为那些志愿者本身都不是专家，你所要做的就是利用自己的个人电脑来对射电望远镜所搜集到的各种信息进行分类，而且你还可以得到一个能够显示该项工作进度的屏保。

网络小故事

网络新知——第一部分

有的人喜欢在网上浏览一些奇怪的网站，比如有一个人曾经在网上见过许多非常可怕的照片，那是一些断指的照片，于是他就想……

啊，我认出来了！

他不能十分肯定这些断指是谁的，于是就把这些断指照片打印出来给他的一些朋友看，其中一个很快就认出了这些断指，因为就是他的。他在几个月前的一次工伤事故中丢掉了手指头，他还记得医疗组的一位医生问他能不能给这些断指照张相。还有一些人，他们竟然用自己健全的手指去干一些类似的事情。

比你想象的更近！

用你的想象给互联网上的几百个网站画一张地图，然后想象一下它们是怎样被那些数不清的超文本链接器互相联在一起的。是不是觉得有点头昏脑涨啊？想象出来的那些图像是不是特别乱啊？其实真实的情况并没这么乱。当互联网上的网站数超过80亿时，有一个爱盘根问底的技术人员就把他的宠物软件机器狗放进互联网，说了一句话：

他想通过这种方式来查明互联网上的网站是如何被联在一起的，于是这个机器狗很快深入到网络空间里，用它那冰冷潮湿的"鼻子"来"闻"那浩如烟海的不同的网页。每当它到达一个网页时，它都会检查该网页所有可能的链接所指向的内容。

它不停地做这项工作，直到找到大约33万个网站，然后就有很多人进行大量的复杂的计算，最后得出一个惊人的结论，那就是虽然挂在互联网上的文档不计其数，但平均下来，每个网页的点击次数不超过19次。

你是网虫吗

有些人十分沉湎于互联网中，几乎所有的业余时间都傻乎乎地在网上冲浪；有一些人则刚好相反，"猫"（调制解调器）"鼠"（鼠标）不分；当然，这两种人是走了极端，大多数人都是介乎两者之间。你到底属于哪一种？回答下面这些简单的测试题，你就能作出判断：

是网虫、上网爱好者，还是菜鸟？

1. 如果你看见了一只老鼠（带毛的真老鼠而不是鼠标）你会有以下哪种反应？

a）特别想抓住它。

b）然后强行把它的尾巴塞入PC机的USB接口中。

c）喂给它一块真的奶酪。

d）跳上椅子大声尖叫。

2. 你认为自己的父母是什么样的人？

a）像一个特别没有趣味但却很有用的网站，就像www.mum-and-dad.com一样。

b）像两个不可靠的软件，总是在不该出错的时候程序出错。

c）像一对从20世纪80年代那个技术黑暗年代遗留下来的，虽很好用但却有些让人觉得悲哀的老物件。

3.你一天花多少时间去上网？

a）嗯……别打搅我，没看见我在冲浪吗？

b）在1～3小时之间。

c）什么叫上网？

4. 你曾经做过下列哪件事？

a）往邮递员身上撒盐。

b）在浴室镜子前照镜子觉得自己像一些字符组成的符号。☺

c）发电子邮件时不小心打错字，用橡皮在屏幕上使劲擦。

5. 你认为有一天电脑将会主宰世界吗？

a）等等，让我问问电脑它怎么看待这个问题。

b）始终都是人类控制世界。

c）什么叫电脑？

6. 你想要一件什么样的圣诞礼物？

a）给自己的大脑移植一个15G的扩展内存。

b）一台非常漂亮的个人电脑。

c）一盒巧克力糖和一个会发声的玩具。

7. 你曾经做过下列哪件事？

a）特别想下载你好朋友大脑里的内容。

b）琢磨着把电池装在宠物猫身体的某一部位。

c）试图把邮票贴在电子邮件上。

8. 你曾经做过下列哪件事？

a）抱着电脑睡觉。

b）穿着泳装去冲浪。

c）进入聊天室时问别人厕所在哪儿。

9. 电脑空间在哪里？

a）在每个人的脑海里。

b）硅谷。

c）北京的中关村。

10. 如果你在家上网时突然断电了，你会怎样做？

a）继续茫然地盯着电脑屏幕，使劲敲打键盘，点击鼠标，好像什么都没有发生似的，即使停电好几个星期也会如此。

b）马上跑到网吧里继续上网，直到家里来电。

c）玩会儿玩具。

要是这个网页到月末还下载不完我就放弃算了……

看看结果：

大部分答案选择a——毫无疑问你是个网虫。你绝对属于这种人：认为最美好的时光就是和迪姆·李伯纳在一个孤岛上待上一个月，跟他讨论一些特别深奥的网络话题。你绝对十分擅长超文本语言，但却几乎不会刷牙、梳头。

大部分答案选择b——你是一个对网络感兴趣的人，一个准网虫，很可能变成网虫。很明显你绝对热衷于电脑和互联网，你甚至会在晚上关闭电脑前给电脑一个深情的拥抱和吻，然后跟它说"晚安"。

但是你也可能在光顾聊天室时穿着最好的衣服，希望在那里碰到一些十分怪诞的人。哦，亲爱的，你真应该克制一下自己了，否则就成"虫"了。

　　大部分答案选择c——你肯定有点新手的意思（别问有多新），很可能是个网盲。想一想，你是否觉得你能翻开这本书已经算是个奇迹了，你还可能会有这样的想法："猫"是售货员们说漂亮女人时用的称谓，电脑显示屏的像素是一些生活在计算机里面让计算机工作的小人儿。

　　如果你偶然从互联网上下载了一点"病毒"，你很可能还会把电脑放在床上，给它吃一些止咳药和鱼肝油。

　　顺便教给那些没有电脑知识的人一些常识性东西：

　　a）**"猫"** 是指电脑上网用的调制解调器，它专门通过电话线来传输数字信息。

　　b）**像素** 指的是构成图像的无数的小点，也是构成电脑显示屏的无数的小点。

最快的邮递方式

E-mail（伊妹儿）是电子邮件的另一种说法，在它出现后的短短几年间就改变了数百万人（包括邮递员和狗）的生活。

它具有快捷、便宜、高效、易用等特点，而且十分有趣，它可以帮助人们联系亲朋好友以及任意一个地方的人们，只需要用鼠标点击一下，信息就会很快从千里之外的（或近在咫尺的）地方传过来，进入到人们的电子邮箱里面。

和联在互联网上的其他东西一样，电子邮件也不是由某一个人单独发明出来的，而是由很多人共同努力的一个大工程的结果。但有两个人在这里面起了至关重要的作用。

看啊，这是世界上第一封电子邮件！

世界上第一条从电脑产生的电子信息是1969年由科雷恩诺（一个美国电脑教授）和他的学生从洛杉矶的加利福尼亚大学的实验室里发出的，他最初的想法就是要给旧金山的研究中心里的另一台计算机发一条信息，那么他首先要做的事情就是把这两台电脑连接起来，或者用一些人的话说就是让这两台计算机"握手"，于是他键入了"LOGIN"这个单词，然后，就像这样……

所以，世界上第一条电子信息的内容就是LO。但教授和他的伙伴们并不气馁，又进行了第二次操作，这一次完全传过去了。但是请你记住，这仅仅是在同一内部网络中的两台电脑之间进行传输，而不是在范围更为宽广的互联网上。于是有人就试图在互联网上进行同样的试验。

对E-mail新手的特别提示：现在当你发电子邮件时，没有必要每键入一个字都给朋友打电话询问是否收到，因为信息传递方式从那时起已经改进了很多，这都得感谢科雷恩诺教授以及下面所要谈到的一些人。

雷·汤林森

1977年，一位名叫雷·汤林森的电脑工程师找到了一种从计算机网络上向别的计算机发电子邮件的方法。为了保证方法奏效，他首先在同一屋子里的两台电脑间进行传递，传递的内容是"Qwertyuiop"。为什么他要传这几个字母呢？因为他非常迷恋一个叫Qwertyuiop的人？当然也不是，真正的原因是他急于进行自己的测试，而Qwertyuiop又是计算机键盘上的第一排字母，这样输入起来非常方便。但是雷知道他的目的在于找到一种向更大范围的网络上的一台或几台计算机发出信息的方法，而不仅是本地网上的电脑。他需要的是一个既简单又易记还不易和其他字母相混淆的符号，所以他很快就想到这个符号……

就是 "@"

雷提出这个优秀的创意是在1971年。现在每次发电子邮件时都要用到这个小小的符号 "@"，就是字母a的尾巴伸长成一个圈把自己围起来，很像麻雀的眼睛。很多人都把它读作英文 "at"。但是你知道它最早是怎么得来的吗？

在雷决定把它加在电子邮件地址上时，@已经出现很长一段时间了，它主要是由一些与数据打交道的人在用，如零售商。他们经常用它来表示货物的价值或重量，比如说，他们会这样写：6袋谷@每袋10英镑。没有人确切地知道这个符号最初是谁发明出来的，人们通常认为它起源于数百年以前，早在印刷术发明以前就已经存在，那时书一般都由僧侣们连续花上数小时艰难地抄写下来，抄了一本又一本。据说他们在抄书的过程中为了省劲儿往往把 "at" 简写成 "@"。这种说法听起来不是很有道理，但是如果换成你每天都不断地写啊写，也许就会理解了。

@……在你周围的宠物身上随处可见

@在不同语言的国家里有不同的读法，但几乎在所有的国家里它都能和动物的尾巴联系起来。以下是部分国家对"@"的不同叫法，不知道你最喜欢哪一个？

现在世界各国的网民都想给它起个世界通用的名字，以便每个人都认识它。到目前为止他们想出的名字有"旋风""螺纹""蜗牛"等（为什么不叫鬈发呢）。

网络小故事

1968年，美国政府向一家大型计算机公司派发了一项任务，那就是制造一个接口（interface）信息处理器（就是用来发第一封电子邮件的机器）。一位名叫爱德华·肯尼迪的著名政治家还因此闹过一个笑话，他给那家计算机公司发了一个信息，代表基督教对他们所做的伟大工作表示祝贺！为什么会这样呢？原来，他一直认为该公司是在做一个救赎（interfaith，是基督教术语）信息处理器。我的天哪！

让我发个邮件

繁忙的通信

大多数人都认为电子邮件是一个特别好的事物，现在每天所收发的邮件数量越来越多（而邮递员的工作量却是越来越小）。

1998年仅在美国就有4万亿个电子邮件被收发，但却只有15%的人口上网。

有人估计，一个典型的比较繁忙的办公室工作人员每天要处理100个电子邮件。

1999年有人估算，在全英国传递的电子邮件每100天数量就翻一番。

2000年全世界每天有100亿个电子邮件被发出去。

2005年专家预计全世界每天有350亿个电子邮件要发送，这个数字很让人吃惊是吧？顺便说一下，如果你想对这些统计数字发表评论，那就请你随便给我们发个邮件到以下这个电子邮件信箱：swamptheworldwithunnecessaryemails@maketheserviceproviderservenricherthanever.com。

拒绝电子邮件

不是每个人都喜欢用电子邮件。在荷兰，有一位64岁的政治家就是这种人，他特别希望像雷和迪姆他们那伙人从来就没有发明过什么电子邮件之类的东西，他特别不能容忍自己一打开电脑就被各种涌向办公室的电子邮件弄得头昏脑涨的。

他在电脑上使用电子邮件软件时总是很难得心应手，以至于国会的官员们都十分替他惋惜，每回接到电子邮件他都要用那些老式的笔和纸把电子邮件上的内容抄下来再看。

邮件错误

2001年，有一种说法就是一个办公室工作人员平均每天要发50个电子邮件，其中至少有半数的邮件发给了那些近在咫尺的人，还有一种说法就是其中半数以上的电子邮件是没有必要发的。

不管有必要还是没必要，每个人一年下来也得发几千个邮件。当你点击鼠标发送那么多邮件时，不可避免地要写错一些东西，就像下面的这两位……

邮件已经发送，糟了！

1. 有一家出版公司的老板正在出席一个技术性会议，他偶然给与会人员发了一封邮件，说他们都是……

2. 很多人都喜欢把自己挣多少钱作为一个秘密，尤其是对同事们更加保密。一家大公司的老板不小心把自己员工挣多少钱以电子邮件的形式详细泄露给了每个员工，当他意识到自己做错了时就决心马上采取一些补救措施。

那么你知道他都做了些什么吗？

快，快，快点，先生，如果能想出一个解决办法，你就可以给自己加薪！

a）给每个人再发一封电子邮件告诉他们这只是在开玩笑。

b）摁响火警警报器。

c）直接从窗户跳下去。

d）炒自己的鱿鱼。

答案

b）。他摁响了火警报警器，然后当所有人都跑出去时，他快速跑到每个办公桌旁，从电脑里挨个删除了他发出的那个电子邮件。

小心自己暴露无遗

不要认为你收到的或发出的邮件只有你和发件人（收件人）知道，其实，所有的内容互联网服务提供商都能知道，因为他们把那些通过自己的系统发出或接收的邮件都做了记录。你想，他们的系统连数十亿个网页都能够储存下来，何况区区几个电子邮件呢？

还有比这更可怕的事儿呢！有一位老大哥一直都在监视着你的一举一动，这位老大哥不是电视监控程序，而是美国军方。如果你来到英国约克郡曼维斯山英国皇家空军基地附近的任何一个地方，你都会看到散布在山腰上的20个巨大的像高尔夫球球场那样的卫星信号接收装置，别误会，它们可不是著名球星泰格伍兹留下的！它们是美国政府的指挥监视系统的一部分——卫星监视天线，这是世界上最大的电子监视中心。据说操作这些监视天线的人能够查看由卫星系统传送的几百万封私人电子邮件。

所以当你发下一封邮件时，一定要十分小心，尤其是那些谈论有关大将军和废物政治家的邮件。哦，顺便再说一句，如果你想直接给那帮政治家们或是电影明星们发邮件，下面几个E-mail地址或许对你有用：

给他们寄封信吧

英国首相汤尼·布莱尔：tonyblair@geo2.opotel.org.uk

美国总统：president@whitehouse.gov

电影导演史蒂芬·斯皮尔伯格：ssberg@amblin.com

电影明星克林特·伊斯特伍德：rowdiyates@aol.com

流行歌星麦当娜：madonna@ubr.com

电脑巨头比尔·盖茨：billg@microsoft.com

警告：这些都是官方网站，所以你不一定会得到这些名人们的亲自回复，还要记住，一些大腕经常变更他们的电子信箱，比换内衣还要勤，所以你的邮件很可能被退回。

慎用字体

心理分析家通过分析电子邮件所使用的不同的字体能够看出发信人的一些个性倾向。你喜欢使用哪种字体？我们来看看心理分析家们所做的研究有没有道理：

1. Courier

2. Helvetica

3. Georgia

4. **Comic sans**

5. *Handwriting*

6. Times

7. Arial

a）老顽固，爱怀旧

b）爱赶时髦，追求流行

c）过分亲密，过分友好

d）很现代，赶得上潮流，知道世界上发生的一切事情

e）爱引人注意，惹人讨厌

f）值得信赖，守口如瓶

g）有安全感，值得信赖——就像一双特别合脚的鞋

答案

1. a） 2. d） 3. b） 4. e） 5. c） 6. f） 7. g）

研究表明，英国的查尔斯王子经常使用现代Helvetica体，这表明他能够跟上现代流行的步伐，并且注意倾听别人的说法，而英格兰银行的行长则喜欢用Courier体，因为他这个人非常传统，很怀念过去的日子。

所以，你每发一封信最好都用不同的字体，这样你就不会被别人看透了。

网络小故事

这么容易，即使猩猩也会用它！

1998年4月27日，一个叫可可的27岁的猩猩居然能上网和人聊天！它是如何实现的呢？原来，人们可以通过电子邮件给可可提各种问题，可可能够听懂约2000个英语单词，而且它从两岁开始就学习手语。可可的老师读着传送过来的问题，然后通过手语交流，得知猩猩的回答，另一人在键盘上把可可的答案敲进电脑。

当有人问可可想要什么样的生日礼物时，它回答说想要"食物和香烟"，这个"香烟"绝不是人们抽的那种香烟，而是它的宠物猫的名字。啊，忘了告诉你，可可还有自己的网站呢！你如果登录这个网站www.koko.org，你就能够看到可可和它的小猫。

电子的愤怒

当人们初次接触互联网时，接收第一封电子邮件对他们来说简直就是一件天大的事，令他们格外兴奋。

如今，办公室工作人员每天都要收到好几打的邮件。电子邮件早已不再是什么新鲜玩意儿了。实际上，太多的电子邮件能把人们逼得近乎疯狂。国际压力管理协会指出，电子邮件现在已经位居压力之源的前20名，与交通拥堵、金钱焦虑和婚姻问题并列成为增加人们压力的几大原因之一（接受国际压力管理协会的询问也是增加人们压力的原因之一呢——开个玩笑）。

有一家计算机公司曾经就人们如何对待自己的电脑对4000个

人进行了调查，约有1／4的人承认，有时候收到太多的电子邮件会让他们怒不可遏，进而虐待自己的电脑。约有1／4的办公室工作人员说他们曾见过有人猛踢电脑，RSPCPC（禁止残害个人电脑皇家协会）的出现就是一个很好的证明。

johnsmith@internet.com，这种邮箱你申请到了吗？

你有自己的电子邮箱吗？在你申请注册的时候是不是提交的名字都已经被别人占用了呢？除非你叫"害怕死兵""拽得破缸"或者"贼尼巴伐落抖"之类的古怪名字。与域名不同，其他互联网用户没法警告你说他要控告你使用了跟他一样的名字，所以只好用以下这种方式来限制你使用别人已经用过的名字。那就是当你注册的名字与别人重合时你就无法注册成功。例如，如果你不幸叫作大卫·琼斯，那你就得努力想别的办法了，因为在全英国有15 671个人叫这个名字，但是如果你是一个叫玛格丽特·史密斯的女孩，那你的情况会比大卫·琼斯好一些，在全英国只有7640个人叫这个名字。一旦这个名字已经有人占用，那你就只好再想别的辙了。

可怕的电子邮件

不是每个人都会乱发一些烦人的电子邮件。一些非常有想象力的人总是在不断地推出一些新创意来拓展电子邮件的用途，下面给你举三个例子：

1. 用于与死人联系。荷兰有位艺术家设计了一种网上墓地，它可以让死者的亲属和朋友向死者的棺材里发送电子邮件，并且能够得到来自棺材里的回信。很显然，如果真能收到的话，那一定是死者在去世之前就把信息编好了，如果不是事先编好的，而他的亲朋好友又能收到回信的话，那就麻烦了，肯定是闹鬼了。

99

2. 网上提建议。荷兰的埃因霍温足球队，正在试图让球迷们通过发电子邮件，从而在比赛过程中给他们提一些建议（这还真让球迷们省了不少嗓子，因为他们不到现场看球就不会大喊大叫）。当比赛正在进行中时，球迷们可以通过教练和俱乐部的管理人员，给球员们提些如何踢球的建议，这些建议包括谁应当罚点球、谁应该作为替补上场以及对方球队的哪个队员应该被盯紧一些（或干脆把他故意绊倒）。除此之外，球迷还可以建议应该买入哪个球员，应该卖出哪个球员（最好是这个球员不在得分高手之列）。

3. 给我们一条通路。在美国内布拉斯加州的一所学校，有一个老师和他的全班学生（都是8岁的孩子）决定在互联网上开展一个地理项目。他们发出了25个电子邮件，要求人们给他们回信，这样他们就能够准确地查找出这些回信是从哪里发出来的。那么你认为他们得到了几封回信？

　　a）一个没有

　　b）100个

　　c）1000个

　　d）11万个

答案

d）。是的，大大超出这些孩子们的预料。他们得到的不是他们想象中的20多个回信，而是11万多个，除此之外他们还收到了600封信和包裹。一位澳大利亚的妇女甚至还给他们寄来了一箱玩具考拉和介绍她的祖国的书。美国航空航天局的一位科学家给他们发了一封附有很多从外太空拍摄的地球图片的电子邮件。

同学们，今天早上的课是我们要给那些人写11万封感谢信！

网络趣闻

别急，轻轻点击就可以了！

也许你已经能够毫不费力地收发电子邮件了，但是你的祖父母（或者父母）要想做到这一点也许就不那么容易了。如果真是这样，你就让他们千万别紧张，然后向他们推荐这个网站www.wonderstamp.com / suite.html。该网站有许多漂亮的邮票，都能免费下载过来贴到电子邮件上，使得邮件看起来更像传统意义上的信件，只不过这个信件被加上了一只"蜗牛"（@）。你可能想不到，一旦浏览过这个网站后，你可能会被那些美丽的邮票深深地迷住，然后给自己的电子邮件也贴上一张好看的邮票，这张邮票可能是艺术类的、自然类的、运动类的、花草类的，或者是其他一些很特别的画面。

电子邮件有时也能给互联网用户带来意想不到的大麻烦，这些麻烦邮件通常是由一些奇特的人给你发过来的，在下一章你就能读到有关的内容。

黑客趣闻

　　黑客和破坏者就是那些未经允许就侵入别人的计算机或网站的人，这就有点像小偷儿潜入你的家中偷东西，或者不偷东西但却把你家弄得乱七八糟。只不过与破门而入的小偷儿们有所不同的是，黑客们用尽了各种手腕和方法来破译别人电脑或网络的密码从而破坏或更改、删除他们的文件或程序。

　　黑客在互联网诞生之初就已经出现，因为那时许多新建立的网站和电子邮箱地址向他们提出了很多新的挑战，刺激着他们侵入别人的空间。很快，这些黑客们也开始建立自己的网站，互相传递着自己最新的惊人的战绩。那帮精通网络的人一建立起自认为比较安全的网站，黑客们就想方设法地进入他们的网站，进去偷信息、使别人的电脑系统运行速度降低，或者仅仅是为能突破别人的安全防线进入他们的电脑或网络系统而扬扬得意。如果你想更好地理解黑客们的工作情况，恐怕最好的办法还是先学一点下面的知识。

黑客是什么

　　破坏者（Crackers） 他们是些不怀好意的黑客。他们完全是怀有恶意地故意制造病毒（通常是以电子邮件的形式发送到别人的信箱中，一旦打开电子邮件，病毒便侵入

用户的电脑）来攻击别人的电脑。他们还恶意勒索ISP们
（指互联网服务提供商），向他们索要大量的金钱，否则
黑客们就会用"吵闹攻击"的方式让他们的系统瘫痪。

想一想，先别问，马上告诉你。

吵闹攻击（*Quack attacks*） 这种攻击方式一般
都用于对付大的网站如Yahoo和Amazon，这些网站被称作是
"孵蛋的鸭子"。因为破坏者能够向那里发出大量的请求
信息来轰炸网站，网站由于接收到了大量的信息造成信息
堵塞，最终会陷入瘫痪。

　　黑客（Hackers） 黑客们认为自己所做的是一种正派的工作，因为他们发动侵袭不是为了钱，或者说只为显得他们很聪明。他们自称攻击别人的电脑或网络是想找到电脑安全系统的漏洞，他们喜欢这样的挑战，其中有一些人把自己看作穿着锃亮甲胄的武士，他们在电脑战争方面打了胜仗后便会到处炫耀自己。

是我！电脑先生……专心营救你处在危险中的"猫"吧！

　　初级黑客（Scriptkiddies） 这是人们对那些只懂得几种计算机语言的初级黑客的称呼，这些黑客并不喜欢人们这么叫他们，于是就干脆对那些这么称呼他们的网站干一些坏事。

她这么半天了还没说一句话呢，但她确实很擅长Linux和Html！

PINGING 包括向另一台计算机发送一条简单的信息，然后再让这条信息"弹"回来，这么做的目的只是为了确定一下自己已经为当黑客蹚好了一条路。

回魂尸（Zombies）

这是对那些已经遭到黑客攻击的计算机的称呼。黑客们有时利用那些已经被攻击的计算机来攻击难度更大的电脑或网站，借用这种计算机可以使自己的身份不被识别出来。换句话说，它就好像是劫匪们经常用偷来的汽车去抢劫银行。

在电脑的世界里潜伏着许许多多的电脑黑客，其中有一些人已经实施了很多次令人震惊的攻击，以至于他们的劣迹都成了传奇故事了。接下来，让我们看看其中三位著名黑客的故事……

黑客英雄榜

分析师

真名：爱虎·天纳邦

主要业绩：他曾经和两位以色列少年、两位美国少年黑客一起侵入世界著名的美国军队指挥中心——五角大楼的计算机系统，从中窃取了大量的军队程序软件（还包括一位高级指挥官最心爱的作战靴）。他一共进入过200台电脑，其中包括NASA（美国航空航天局）和以色列议会的电脑系统。他还曾经破坏过两个反以色列的恐怖组织的网站，所以以色列人把他看作当代罗宾汉，甚至以色列的总理也夸奖他是一个电脑天才。

现在职业：爱虎现在是一家电脑顾问公司的首席技术官（这很自然，因为他是电脑高手嘛）。

孔德

真名：凯文·米尼

*主要业绩：*凯文简直令计算机闻风丧胆，说凯文聪明之极那就像在说帝国大厦非常高一样，确实一点也不夸张。在凯文很小的时候，由于买不起电脑，他只好到电脑商店里用人家的样机上网，后来他成为多起黑客案子的作案者。由于他案底太多，美国FBI（联邦调查局）曾经通缉过他，但他竟然还敢把自己的照片放在FBI网上的通缉令上，真可谓艺高人胆大。他总共窃取了2万张信用卡的账号。他后来被迫逃跑，并且还化装成别人的模样成功地逃脱了警察的追捕，但他最终还是未能斗过政府，被判了5年的有期徒刑。

*现在职业：*凯文出狱后被禁止使用电脑或移动电话，甚至被禁止在有电脑的大楼里工作，这实际上是剥夺了他工作的权利！唉，真是可惜啊！

欢迎来到最老式的手工打字机公司工作！

如果你想知道更多关于凯文的事情，那就请登录下面的网站：

www.kevinmitnick.com

弗拉基米尔·列文

真名：弗拉基米尔·列文

主要业绩：在过去那些生活非常简单的日子里，人们抢劫银行往往都要把脸蒙上，手里拿一把水枪，大声叫嚣："把手举起来！"在他们仓皇逃跑时马车还时不时地闹点毛病。但是这种情况到了现在就再也不会出现了，人们运用互联网，坐在舒适的老板椅上就能够从世界各地的银行窃得大量的资金，但要做到这一点就必须非常熟悉网络，就像弗拉基米尔那样。1994年，坏小子弗拉基米尔和他的伙伴在位于俄罗斯的十分舒适的办公室里，通过互联网从美国城市银行的顾客账户里偷到了1000万美元，他们是如何得手的呢？原来，他们下班后在办公室里待到很晚，在他们的手提电脑里随便按了几下键盘就成功了，根本不费吹灰之力。让美国城市银行和它的顾客们感到幸运的是，弗拉基米尔他们还没来得及把大部分钱花光，就被抓住了，结果只损失了40万美元。

网络小故事

电脑高手在阴沟里翻船

　　一名15岁的在校学生利用他非凡的电脑技术侵入了一家互联网公司的网站，得到了该公司很多顶级商业秘密，于是他打电话向这家公司勒索，要求他们给他很多钱，否则就把这些秘密向他们的竞争对手公开。但是智者千虑必有一失，很不幸的是，他在打电话的时候就没有显示出他超人的智慧（或者用大多数人的话说，他忽略了一个常识性问题）。他是用自己家的电话给互联网公司打的勒索电话，而且他忘记加拨141，如果这样做了他就不会被追踪到。互联网公司那个接电话的人只是简单地拨打了一个1471就知道了他的电话号码。于是，他马上报了警。结果可想而知，这个学生被警察带走了。

可是……你是怎么知道我的地址的？

109

黑客的传奇故事——克雷达的犯罪过程

　　不是所有的年轻黑客都会犯这个学生这样可笑的错误。一些黑客特别精明，他们经常同经验丰富的破案专家们打游击战、兜圈子。

关于讨厌鬼的新闻

2000年冬天

大批黑客发动大规模的国际性攻击

这是一条从互联网管理员那里得到的爆炸性新闻

大街上的人们处于恐慌之中

一家大型信用卡公司——VISA国际不得不花费25万英镑来改善本公司的安全系统，如果这些被盗的信用卡都归于一人，那么这个人将成为世界首富！

这是一条足以引起恐慌的消息！有23 000个信用卡账号被一群顶尖的国际计算机犯罪分子偷走，造成了很坏的影响。据估计黑客们已经给互联网行业造成了200万英镑的损失！一家互联网电子商务公司已经被迫停止了业务。

很糟糕，有人偷了我口袋里的信用卡，用它给我买了一大堆我根本不需要的东西！

比尔·盖茨

关于讨厌鬼的新闻

2000年深冬

神秘的电脑犯罪活动仍在猖狂进行

网络管理员报道

神秘的幕后电脑犯罪分子仍在对网上国际金融组织进行疯狂的破坏，美国、加拿大、泰国和英国的电子商务网站和银行都遭到了他们的攻击。

至远东地区的警察今天召开协商会议，共谋对策。

形势非常严峻，官方呼吁要对此种犯罪行为严厉惩处。美国联邦调查局、国际刑警组织、加拿大皇家骑警和英国警察甚

但是迄今为止他们对犯罪分子的身份还是一无所知，他们仅仅知道这肯定是一帮精明的电脑流氓运用大量的高精尖电脑设备进行的犯罪活动。

关于讨厌鬼的新闻

2001年春天

跟踪黑客的侦察员正在追捕犯罪头目及其成员

网络管理员报道

电脑犯罪案到了最后阶段了！该案的侦破工作有了重大进展，加拿大一位曾经当过黑客的计算机安全顾问（克里思·戴维斯）在一家黑客网站上找到了线索。这个犯罪团伙的头子在网上贴了一张帖子夸耀自己的业绩，而且公开称自己为克雷达。克里思现在正在全力追踪此人。

案子结了

克里思花了将近两个星期的时间寻找关于克雷达的线索，以便查明他的真实身份，最终，这位电脑侦探将此案侦破了。他48小时没睡觉，将他的发现写成了一个报告提交给了美国联邦调查局和警察局。

> 整个过程实际上非常简单，他的作案工具就是我们通常所说的"猫"？

> 什么？

> 你再说一遍。

112

关于讨厌鬼的新闻

2001年仲春

警察和联邦调查局抓获了克雷达

网络管理员独家报道

在查明了克雷达的藏身之所后，警察和联邦调查局最后将这位犯罪头目成功擒获，在将他逮捕后不久，我独家采访了联邦调查局的X调查员。

网络管理员：现在你们成功地抓住了这个人，我对此表示祝贺。那么这个人是在什么地方作的案？是在上海一家烟雾缭绕的地下室，还是在密尔瓦基防范严密的大楼里？

调查员：都不是，是他父母在威尔士的农舍中的卧室里。

　　网络管理员：是吗？这不像电脑大腕办事的风格呀！

　　调查员（脸有些红）：他根本不是什么电脑高手，只是一个叫拉菲尔·格雷的少年。

　　网络管理员：那他怎么可能领导那么多人呢？那帮人反抗了吗？

　　调查员（显得特别惭愧）：根本谈不上反抗，他们不过就是他的一帮小哥们儿。

　　网络管理员：是吗？那他们一定有一些特别尖端的电脑吧？

　　调查员：嗯……也不是，也就是一些破旧的二手电脑，总共也值不了几百英镑。

　　网络管理员：那你的意思是说几个未成年的小孩玩弄了世界上最棒的人和最了不起的组织？

　　调查员（脸色更加红了）：哼！我该走了，我听见我的呼机响了，有人找我。

　　这一切都是真的，这个头目其实就是一个叫拉菲尔·格雷的威尔士少年。他对自己的所作所为供认不讳，但是他说这么做并不止是为了想发财……

格雷的供词

▶ 格雷说他这么做的目的就是想警告一下那些存在安全漏洞的网上商城，并且想证明自己是电脑界的圣人。

▶ 当人们都知道了有人发动网络攻击后，有一位美国人在网上与他联系，说每盗得一张信用卡可以给他15美元（相当于10英镑）的酬劳，总共可以付给他34 500美元（23 000英镑），但格雷回绝了他。

▶ 格雷还说，一些网上商城的开放性很强，我甚至可以教你的祖母对这些网上商城发动攻击。

▶ 他承认，当他坐在电脑前，等着几千张信用卡账号下载到自己的电脑时确实感到很刺激。

▶ 他对大多数电脑安全机构的看法就是，他们的安全系统像个纸袋子，根本不堪一击。

▶ 格雷说他将用自己所擅长的技能来设计一些计算机辅助设备，以帮助那些残疾人使用计算机。

网络小故事

乐高公司激励黑客

当丹麦的乐高公司1998年推出它的玩具Mindstorms机器人时，有一个学生侵入到这个程序里并且进行了"还原"（就是说先查明这种机器人玩具是怎么工作的，然后对其进行复制），然后他把他的发现都放在互联网上。但乐高公司并没有十分震怒地反击这个黑客本人和其他像他一样的黑客，而是激励这帮黑客继续干下去，以便帮助该公司找出这种产品还有什么不当之处和未知的瑕疵，从而予以改进。

黑客先生，你需要一份工作吗？

假超级信息高速公路

美国政治家戈尔曾经形容互联网是"超级信息高速公路"，但是就像看报纸杂志一样，你在互联网上看到的或听说的信息都不要轻易地相信它，因为互联网是一个供人们开玩笑的绝好地方。你是一个容易受骗的人吗？你是一个熟悉都市生活的人吗？

下面要讲述6个在互联网上流传的故事，其中只有一个是真的，另外5个都是假的，你能分辨出来吗？别忘了，很多人都被这些看起来跟真的一样的故事所蒙骗。

互联网上的大骗局

下面是有些电子邮件和留言板上所说的事：

1. 耐克用品以旧换新。把你用旧的任何一件耐克用品（哪怕是破旧不堪的、穿得发臭的东西都可以）寄给该公司位于美国俄勒冈州的总部，耐克公司就会换给你一件崭新的同类产品。这是真的还是假的？

2. 别忘了"全球互联网清理日"。（这条消息是从美国麻省理工学院的互联网维修处传出来的）许多人都知道这么一件事，那就是互联网每年都要关闭24小时用于清理工作，时间是每年4月1日的12：01至4月2日12：01，关闭期间互联网的很多功能，如强大的搜索引擎会去搜寻那些死邮件和废弃的网站，然后把它们清理出来倒掉。请你在那一天将电脑从互联网上断开，并且把这个邮件转发给你的好朋友，让他们也下网。这是真的还是假的？

没关系，我也经常清理我的浏览器。

腐蚀性
碳酸氢钠

漂白剂

3. 你听说过"爆炸鲸"吗？这是一条消息性邮件，说的是有一条13米长、重达8吨的死鲸在美国俄勒冈州的海滩上爆炸了。很多旁观者在这次大爆炸中受伤，其中有一块巨大的鲸肉砸在一辆露营汽车上，把这辆车完全压扁了。这是真的还是假的？

轰！

4. 当心吃人香蕉！
（这条消息是德国的曼汉研究所发布的）说有很多来自哥斯达黎加的香蕉已经被运到了美国，这些香蕉全都感染了一种细菌。这种香蕉已经"吃掉"了哥斯达黎加的很多猴子，极具危险。每个看到这条消息的读者都应该至少3个星期不要购买或吃香蕉，如果你已经吃了香蕉，发现皮肤上有一些奇怪的反应，就必须在这些细菌开始以每小时1平方厘米的速度吞噬肉体之前尽快就医！这是真的还是假的？

118

5. 别吃炸鸡。肯德基炸鸡已经更名，不再用KFC，他们已经被禁止继续使用"鸡"这个字，这是因为该公司所用的鸡原料不是真正的鸡，他们为了让鸡快速成长起来以便赚更多的钱，在饲料中添加了"转基因有机体"，这些基因突变鸡没有嘴，没有

羽毛，没有脚，它们所需的营养都是通过塑料管喂进去的。这是真的还是假的？

6. 拒绝盆景猫。纽约的一位日本医生给猫喂食一些化学药品，目的是想将猫的骨头融化，把它们变成无骨猫，然后装进瓶子里。这些瓶装猫被当作装饰艺术品卖给人们，这种东西在新西兰、日本和英国等地都特别流行，但是绝不能让这些东西流入美国！这是真的还是假的？

119

答案

1. 假的。事情是这样的，这个启事刊出后，世界各地的人们以每天200多双鞋的速度把他们的臭鞋源源不断地寄给耐克公司，但耐克公司不是给每个人都回寄了一双崭新的鞋，而是写信给他们问是不是想要回他们的臭鞋，一些人还真回了信要回了他们想以旧换新的破鞋。

求求你们把这些破鞋都拿回去吧！

耐克公司

2. 假的。一看日期就知道是愚人节的产物。

超级信息高速公路

丢失的电子邮件

道路封闭

3. 真的。很多人读到这封电子邮件时都认为这是一个很愚蠢的互联网玩笑，但是经过调查证明确有此事。有一条鲸死在海滩上，过了一会儿死鲸就开始发出臭味，由于鲸体特别庞大，没有人知道该如何处理。这时有人出了个主意，说把鲸炸散了做成海产品卖给那些爱吃海鲜的人。后来俄勒冈州公路局的人带着半吨炸药来了，并把炸药放在死鲸的身边。这时要炸鲸的消息已经传开了，闻讯赶来围观的人越聚越多，其中也来了不少当地报纸和电视台的新闻记者。

我想我有鲸肉吃了！

哪！

最后那个激动人心的时刻终于来了，在人们的欢呼声中，炸药被引爆了，鲸被炸向天空。过了几秒钟，围观者的情绪就完全变了，大量的鲸肉块从天上像下暴雨似的向他们砸来，其中确实有一大块鲸肉砸扁了一辆露营车。如果你特别想看到当时壮观的场面，你可以登录网站www.hackstadt.com / features / whale，去看看当时拍摄下来的图片。

4. 假的。

5. 假的。谁相信谁就是猪脑子。

看哪，那是个吃人香蕉！……哈哈哈，你真是个傻子！

6. 假的。这条消息愚弄了很多人，美国联邦调查局曾经调查过此事。当然这件事绝不可能是真的，不是吗？

网上病毒

你是不是曾经在下载文件时感染过病毒？这些病毒都聚集在电脑里头，让你无法操作计算机，有时还会影响你在聊天室和朋友交流，所有的病毒都或多或少的会起这种反作用。但是这种病毒与人体之间相互传染的病毒不一样，它们其实都是以程序文件的形式存在的，能够破坏你电脑里储存的信息。就像感冒能够从一个人传染给另一个人一样，电脑病毒能够从一台电脑传染给另一台电脑。

通常情况下，病毒都是由那些具有破坏意识的家伙经过周密的设计发送出来的，这种人以破坏别人辛勤劳动得来的成果为乐。

所以病毒制造者会使出浑身解数来编制一种程序，像蠕虫一样钻进我们的计算机里，当我们需要运行一个程序文件时，却往往看到这样的场面：

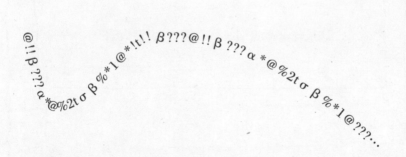

直到3个星期以后也是如此。

如果是这样，那么很遗憾地告诉你，肯定是染上"蠕虫病"了。但庆幸的是，现在这种病已经可以医治了（请看本书后面的内容）！

有关病毒的事实：有好的也有坏的

坏 消 息：每周大概会产生300种新病毒。

好 消 息：其中大部分都无害。

坏 消 息：许多病毒都是以邮件附件的形式发过来的。

好 消 息：一般情况下，如果你不打开这个附件，病毒就不会感染你的计算机。

坏 消 息：由于某些原因人们不得不打开附件，即使他们没让任何人给他们发信，难怪像下面那样的细菌会产生这么大的杀伤力。

好 消 息：告诉你……

一些恶意病毒的特征

梅丽莎病毒

早期特征：有一封电子邮件说：

> "这是你要的文件……别把它给别人看"

感染途径：打开附件。

造成的影响：感染了大约100万台电脑，造成5000万英镑的损失。

始作俑者：大卫·史密斯，美国一位电脑程序员。

安娜·库尔尼科娃病毒

早期特征：

嘿，点击这里！

感染途径：偷看一下安娜。

造成的影响：通常会使邮件系统紊乱。

始作俑者：荷兰一位20岁的小伙子，最后他自首了。

马尼拉杀手——爱病毒

早期特征：

> ## "我爱你"
>
> 请用心阅读我给你发的求爱信！

感染途径：打开附件。

我收到求爱信了，他们肯定没收到过，哈哈！

造成的影响：比梅丽莎的破坏力大8倍，造成了数十亿美元的损失。在英国，它还使英国广播公司、英国议会大厦、《泰晤士报》和一些证券公司的电脑系统处于混乱状态。

始作俑者：两个20来岁的爱搞恶作剧的菲律宾人。

数字的末日

　　一些悲观的电脑安全专家曾预言，总有一天一群胆大的网络恐怖分子将会把互联网完全掌控在自己手中。他们不用到处攻击电脑，而是靠向互联网最强大的部分发出能够繁衍各种病毒的母病毒就能够做到这一点，换句话说，也就是专门攻击互联网中使所有事物联通起来并且保证系统正常运行的要害部分。这就意味着世界上数百万个电脑和电脑网络都将完全陷入瘫痪，既不能够收发邮件，也不能够储存信息，还不能够开展日常工作。

　　这种情况一旦出现，犯罪分子会敲诈各国政府或那些决定惩罚他们的当红的政治家，向他们索要大量的金钱。这种事情还可能由那些精通电脑的小人物干出来，虽然他们只有几台容量极小的电脑，但所做的事却可惊天动地。

　　与其他恐怖分子不同的是，所有的犯罪活动都可以在几千公里之遥的地方进行。问题是现代工业已经对互联网形成了很强的依赖性，一旦发生这种事情，全球的工业都将完蛋，这反倒会让那些网络罪犯分子们幸灾乐祸。

最糟糕的情况

2005年，一个阴沉的冬日的夜晚

城市陷入一片混乱，所有的照明和供热系统都瘫痪了……

交通控制系统瘫痪了（交通当然也瘫痪了）！紧急服务电话系统也不能工作了，医院电脑控制的救生机也坏了。

学校的网络也出故障了，学生不能上课了。

空中交通控制系统不能操作了，几千架飞机不能着陆。

食物和水的补给中断

世界各地的电信业都受到破坏，所以各国政府不能进行有效的沟通（就是不能联合起来抗敌）。

129

很残酷吧？所以也许到了该用什么东西恢复世界秩序的时候了。

网络小故事

1999年夏，一个爱搞恶作剧的电脑病毒制造者偷偷地向日本的一家大银行输入了一些病毒，于是这家银行为了安慰储户，就给他们每人发了一封邮件，宣称该银行还有另外两家合作银行提供支持，可以保证储户的利益不受损，这不是给这个病毒制造者又提供了一个可攻击的对象吗？真是愚蠢！

你什么也看不见

　　这一章专门讲述互联网的未来。有一些东西被预言在未来的几个月或几年之内就会面世，这些东西神奇得让你难以置信，简直比今天早上的天气预报还让人难以相信，但是千万不要束缚了自己的思维。21世纪科学技术的领路人都喜欢说这么一句话，像互联网一样的新鲜事物，只有人们想象不到的（或者说只有人们买不起的），没有人们制造不出来的，也就是说只要人们能够想象得到，那么就一定能够变为现实。还请你记住一点，如果你能够回到16世纪，跟那时的人们谈论电话、文本信息和电视一类的东西，他们一定会说你缺心眼儿，怀疑你是不是发烧说胡话，这无疑是在异想天开，因为他们了解的世界与你说的有天壤之别。

未来网络的形状

　　各种各样精彩的事情在这个互联网的时代都可能发生，因为技术的进步，为人们提供了无限的发展和想象的空间。

易连接的完全无线上网，而且绝对不掉线！

　　看一看你电脑桌的背面，你肯定会发现一些互相纠缠在一起像正在进行摔跤比赛的蛇一样的东西。

　　互联网所要的电线竟然这么长这么多！人们拿着移动电话可以到处自由走动随意拨打，运用同样的无线移动技术当然可以使网络最终实现无线化。

看不见的电脑：现在你还能看见，但过不了多久你就看不见了！

　　20世纪50年代的计算机大得像个车厢一样，而现在台式电脑和手提电脑的大小也跟小笔记本和公文包差不多大小了。

有人预言说，到了2015年，掌上电脑、台式电脑和手提电脑将会一起消失。

它们都将被一些嵌在大楼里、机器里、衣服里和珠宝里（会不会嵌在大脑里？）的微型计算机替代，最后的结果就是，各个地方的物品都会是拥有智慧的"活物"。

而且，理所当然，这些隐藏的计算机将会一直连接在互联网上，也就是一直在线，永远在线。

133

高速上网！

在早期进行网上冲浪的时候，人们经常发现要登录一个网站好像要花上几年的时间，尤其是在上网的高峰期，这种网络塞车是不可避免的，因为有好几千人在同一时刻都在努力地上网，就像很多辆汽车要同时通过一个十分狭窄的路口一样，能不慢吗？与新的高能宽带互联网和第二代互联网相比，最初的互联网（缓慢网）就像是一个林间小道跟一个12车道的机动车道相比，差别是显而易见的。

超强的电脑处理能力

在接下来的10年，计算机的运行速度会比现在快上几千倍。到2015年，每台PC机都能够做到每秒接收1000亿个指令。

一旦以上所说成为事实，做到以下这些事情就是小菜一碟了……

意识旅行

自从人类认识到他们赖以生存的这个世界比自己家的花园大得多的时候，各种各样的人们，包括科学家和科幻作家，都梦想着有朝一日能够在开关的啪嗒一响间就把人们从此地运送到彼地，这种概念就是现在人们所熟知的"超时空"。尽管各路精英都在十分努力地尝试着把这种想法从科学幻想变成科学事实，但这个过程不会在瞬间完成。而运用互联网技术，网络精英和电脑高手已经提出了又一个绝妙的事物，它被叫作"意识旅行"，它已经被测试过了，下面就告诉你"意识旅行"是如何工作的。

仿佛就在身边

想象一下你有一对堂兄妹分别叫作迪姆和塔毕莎，他们都生活在西藏（你真有两个堂兄妹？这真是太巧了），他们两人在他们的居住地拥有"意识旅行"所有的配套器材，而你在你所住的地方也有这些。现在是西藏的早餐时间，你现在想跟他们联系一下做一些交谈，进行一下"意识旅行"，对，也就是说你想跟他们分享一下他们的个人空间。下面就是你们之间即将发生的一些事……

135

1. 迪姆和塔毕莎的厨房里安装有数字摄像机和激光测距仪，在收集到两人的图像和位置信息以及他们周围物体的有关信息后，就能连续做无数次的运算，将这些信息转化成数字信息。

2. 数据信息都收集好后，一台速度超级快的电脑就把这些诸如谁在什么方位、什么东西、是什么形状等图像信息都打碎，然后把这些打成碎片的东西转换成大量的三维几何信息。

3. 这种被打碎的信息飞速地通过第二代互联网传送出去，就像这些被打碎的信息包通过老式的互联网传送出去一样。

137

4. 在你那边，负责接收信息的电脑将这些打碎的信息重新构建成一个整体，然后把还原后的图像投射到一个特别大的屏幕上，显示出来的是晃动的三维图像。这时你的头上正好戴着一个信号交互装置，它能够追踪你位置的移动轨迹，随时根据你的位置对屏幕上的三维图像做相应的调整，这样你就能够做到真的好像在迪姆和塔毕莎身边走动一样。

5. 这个数据收集和传输的过程一直不间断地进行着，也就是说，当迪姆和塔毕莎不停地运动时，电脑要连续不停地计算、再计算他们的图像和位置，需要进行百万兆次的运算，这么大量的工作如果要一头牦牛来做的话就是累死也做不到，但是对21世纪的超级计算机来说则是小事一桩了！

超时空旅行

第一个关于"意识旅行"的实验做完以后，其中一个参加实验的人说他感觉就像是他们在卧室的墙上开了个大洞，从这个洞就能看见其他的人在活动，尽管这些人在好几里之外。当他们把身子探向前时，那些人和物体的图像就会变得更大，他们甚至能够紧跟在那些人的后面。将来，"意识旅行"还能够使一些人（如工程师和建筑师们）虽然相隔数千里之遥但却能够在同一个工程项目上工作；可以使身处英格兰的学生也能够沿着中国的长城进入蒙古的不毛之地；身处爱丁堡的孩子们能够在亚马孙河上漂流，近距离观察短鼻鳄那贪婪的眼神。要做到这一切，孩子们都不需要离开自己舒适而又安全的教室。

139

尽管技术达到了如此先进的程度，但技术先锋们并不感到满足，他们又萌生出让你有触摸迪姆和塔毕莎的感觉的想法（也许你并不是十分想这样），也就是说你不但能很立体地看见他们的身影、听见他们的声音，而且还能有摸到他们身体、闻到他们气味的感觉，这就是现在所说的"肤觉学"。所以，有朝一日，如果真能做到这一点，那么人与人之间也就真的没有了距离，天涯也会变成咫尺。

感觉真的不太真实！

如果电脑真的能够造出三维数字面具（就像你在第76页里读到的那样），那么你就可以在你最喜欢的电影或电视肥皂剧里看见自己的形象了。

一些未来学家预言，互联网会让一个人有两个生命，一个是真实的，另一个是虚拟的。当未来的人在办公室里、学校或工厂里劳累了一天以后，他们就会穿上一种"电脑旅行"服，然后进入另一个由艺术家、设备设计师、演员和作家们虚构起来的世

界，这个世界就像他们虚构的电视剧的世界一样。

系统网络——电脑能量的互联网

　　网络精英和电脑高手们正在着手做的另外一件事就是开发系统网络，这种网络指的是一种以电脑为能量的互联网，它与国家电力网络系统极为类似，该网络系统允许不同的地区之间互相拆借别的地区富余的电力，同理，电脑能量的互联网也就是允许电脑之间互相拆借别的电脑多余的能量，它的工作原理是这样的：

　　假设你发现了一个非常优秀但却非常复杂的游戏，你非常想去玩玩它，但却很不幸，你的PC机没有足够的能量支持这种游戏，怎么办？别着急，你只需要连接到好朋友的计算机上，而这位朋友刚好去休假了，所以他的PC机这两天闲置了，你正好可以用一用。这个时候，电脑能量系统网络就会使你的PC机从你朋友的PC机那里借一些"闲置"的能量。

　　当然，这种系统网络也不是像图中所画的那样只发生在两条邻街之间，它是全球范围内的一种网络，世界上第一个使用这种系统网络的人毫无疑问应该是工业界或科学界的人。尽管个人电脑以一种非常惊人的速度在升级，但它们所承担的任务也是越来越重，人们对它们的要求也越来越高。例如，在欧洲原子能研究中心实验室（也就是迪姆·李伯纳提出互联网设想的地方），科学家们正在研究粒子物理，这门学科可以让人们把原子再分解成更小的微粒，在分解原子的过程中他们把所有的结果信息都输进电脑，然后尽最大努力加工处理这些数据。他们希望在2005年的时候能够再以极高的速度对粒子进行分解，这种速度相当于每秒钟制造100万部正规电影。现在，即使一台运算能力极强的计算机也只能处理这么多数据的极小的一部分，所以必须借助于世界上其他的电脑联合起来进行信息的处理和运算，这也就是为什么欧洲原子能研究中心只是研究这个项目的多个中心之一，因为仅靠它的力量是远远不能完成这个任务的。

见到600万兆字节男孩和80亿G字节女孩

你也许听说过有人把那些头脑特别发达的人叫作"行走的电脑"，现在似乎有一种趋势，那就是我们中的很多人都会变成"行走的电脑"。

143

你是否注意过，现在已经出现了很多可移动的高科技小玩意儿，但问题是你至少需要8双手才能够操纵它们，需要8个脑子才能完全搞明白这些小玩意儿所涵盖的信息。

电脑大腕的意思是把所有这些高科技玩意儿整合成一个多功能的、可穿戴在身上的与互联网相连的永远开机的电脑，这样就可

以把人的手解放出来去干一些别的事情，如招手、打苍蝇、招出租车（还有不停地抠鼻子）；不但手可以闲着，你还可以只说说话就可以控制整个射击比赛。

第一台手控（或声控）的可穿戴电脑已经诞生了，它很适合那些希望永远在线的人。这种电脑看起来像半副眼镜，穿戴它的人能够只用一只眼就可以见到逼真的世界，尽管他和别的人一样生活在这个真实的世界中。

你可以想象一下，你行走在东京的街头，忽然就有一种不能遏制的冲动想知道富士山的精确高度，或者想知道全日本有多少人用的是粉色的牙刷，或者想知道哪个日本人说过"对不起，女士，你的车停在我左脚上了"这一类的话，那么你只需要迅速地登录自己的移动网，信息很快就会显现在你的眼前。这种可穿戴电脑对于工作着的人们有着不可估量的作用。比如，一个在超音速飞机制造厂工作的工程师可能很难记得到底应该用2号还是3号配件，这时他根本不用去查那些又笨又重、成摞成摞的技术手册，而是只需要从眼屏上打开流程图就能够解决这个问题。或许当老师面对一个难以回答的问题时，他也可以用这种方式来查询答案，好让学生们佩服得五体投地。

给电脑人提供能源

当然，所有这些可移动电脑装置都需要能源来支持。几年以前如果你想给这类高科技玩意儿提供能源，那就需要接上一个厨房水槽一样大小的电池才能够做到。但是现在就用不着了，有些聪明的电脑人才开发出了利用太阳能纤维做成的衣服（与太阳能热水器的嵌板所用的材料类似），这种衣服会把太阳光转换成电能供给你身上的那些高科技产品。有了这种不竭的动力，你就可以在网上到处漫游了，永远在线。但是，并不是每个人都可以很轻易地做到这一点的。

迷路了，真烦人！

一旦你拥有了可穿戴电脑，你就不用再为迷路担心了，因为电脑中有一个硅片就像定位仪一样，它会在网上用指针持续向你报告你所在的确切位置，不管你身处何方。所以，如果你能有幸到阿尔卑斯山去滑雪，但却不幸遭遇雪崩，被活埋在大雪之中，虽然无数的搜救犬从你身边跑过却都没发现你，但紧急服务系统却会根据你的网上定位在瞬间找到你。

澳大利亚和美国一些拥有大农场的农场主也会因为在奶牛耳朵上安装了联网的发射器而轻而易举地找到丢失的奶牛，这些发射器能够不断地报告奶牛所处的位置（要是这些奶牛够聪明的话，就会给他们的主人打移动电话让主人过来接它们了）。

电脑屋的规则

当然，如果电脑经销商有办法，在我们家里到处都可以上网，什么都是上网工具……

147

隐藏在互联网幕后偷窥

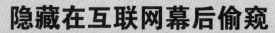

大门外会被互联网摄像机扫描以便人们可以监视屋子周围的情况，或者当主人外出时，他从手提电脑或办公室的电脑上也能看见房子四周的动静，听见门铃响后你都不需要站起来就可以开门迎客。

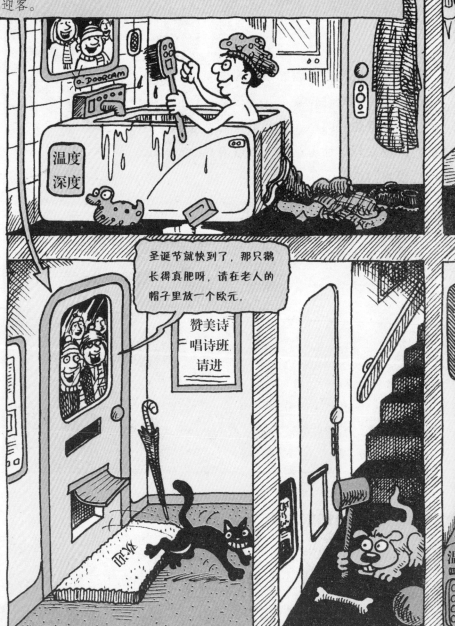

数字羽绒被——一种连接在一个大的互联网数据库上的放映机，它能够把图像投射到天花板上。你现在只要按动床边的小装置，就可把你的床连接到网上，使你在床上就能看到各种信息、图片和电视。

他们在唱摇滚。

沙发
衣柜
床

家用电器和小器械，如等离子超薄大屏幕、激光视盘放映机、中央供暖控制器和洗衣机都和互联网相连，如果这些东西坏了，它们会自我诊断，并且自己与服务维修中心的工程师联系上门修理事宜。

24小时运动

呀，坏了，电视锁定在足球频道上了。

我想我是感冒了。

不，不是这样的。

厨房的冷物，信息的热点——冰箱

你是不是已经有了一个互联网冰箱？如果是这样，你就可以略过这部分内容进入下一节（但是记得脸上千万别显出洋洋得意的神情）。为什么技术精英们开发出的是互联网冰箱而不是互联网衣架或是互联网开瓶器？告诉你吧，根据"万事通"的说法，一般来说，房屋里一些重要的事情都是在厨房里发生的：计划是在那里做的，小猫是在那里生的，牛奶是在那里倒的，孩子们是在那里拒绝吃青菜的等一些类似的事，都是在厨房里发生的。所以，设计师们就认为，如

果把厨房里的冰箱联上互联网，那么它就应该是一个什么都想得到、什么都知道的"好管家"。

互联网冰箱能够干什么——一些冰冷的铁的事实

1. 它能够不断地检查它的里面都放了些什么，一些东西用完后，它会自动根据该物品上的条形码，给超市发一封订购电子邮件，让超市送货上门。

2. 它还是个留言板。你不用在冰箱上贴便条留给你的父母，只需要在屏幕上发一封电子邮件或是写一条信息，你的父母就能够知道了。

3. 它还是一个互联网信息站。比如，冰箱会在200毫秒内检索到当地的交通状况，从而为你出行提供帮助。

4. 它还是一个天气预报监视器。如果它听说接下来的几天会有热浪袭来，就会自动调低自己的温度（如果它发现马上会有飓风，它会立刻把那些新鲜的蔬菜集中起来然后把它们藏到地窖里）。

5. 它还相当于一个电视机、摄像机、收音机和可视电话机。

6. 它还能与你家里所有的物件相连，并能与它们互动。比如，你能用它来控制照明系统和中央供暖系统，它还能向其他电器自动发送信息。

互联网冰箱特别智能，特别灵敏，你们家里发生的一切它都知道，简直可以算得上你们的家庭成员了。

把你的电视变成……哎哟，这还是台网络电视呢！

20世纪50年代的英国只有一个电视频道，而且每晚才播出几个小时的节目。到了60年代，英国的电视观众达到了2000万人，他们经常坐在一个破匣子前看着同一个电视节目（但不是看着同一个电视），电视机虽多，节目却少得可怜。

但这种状况很快就得到了改变。这一切都得归功于互联网，一个有别于电视机、高保真音响、放映机、收音机的互联网浏览器，它能够让你下载几千部电影、几千首歌曲，从你选择的网上书库中下载几千册书，甚至还可以直接从制片厂点播电影和音乐。互联网上有几千个电视频道，你可以从中选择不计其数的电视节目，除此之外，网上还为你储存了二十世纪五六十年代的老节目，你可选择的范围太大了。

你的网络电视机会对所有的节目先筛选一遍，为你自动做一些选择。一旦它学会了识别你的声音，你就可以告诉它你喜欢什么，然后它就从网络提供的众多节目中根据你的喜好为你选择精彩的节目（如果你特别礼貌地请求它帮你把拖鞋拿来，说不定它也会照做）。

已经到这儿了，就在教室里挨着你！

电子教育

在过去的日子里，学生们总是要玩弄各种各样的鬼把戏来欺骗家长，这样才能使自己的学校生活变得好过一些，比如你们经常做以下事情……

a）先来到学校参加点名，然后就开始逃那些你们不喜欢上的课，或者干脆逃了全部课程。

b）告诉你们的父母你们在班上学习特别努力，实际上你们什么也没学，所做的只有上课时睡觉、在课间嬉戏打闹、在宿舍与同学高谈阔论。

c）告诉父母你在上一周的家庭作业中得了A。

d）有预谋地在从学校回家的路上把期末考试那张糟糕的成绩单"不小心"弄丢了。

155

e）告诉父母今天晚上没有作业，所以可以和朋友们一块儿出去玩。

你一生中最快乐的日子不会再有了……哈哈！

忘掉上面所说的事吧，家长们再也不会受蒙骗了。如果用互联网把教室和家庭连接起来，那么以上所说的那些事情就再也不可能发生了。

不管什么时候，只要家长们喜欢，他们可以随时上网查询，立即就能知道所有的事情。通过那些在一些学校里已经建立并开始运行的新系统，家长们只要轻点鼠标就能做到以下这些事：

a）可以上网检查一下电子注册的情况以确定孩子是否真的在学校里，如果孩子上中学，那么父母还可以知道你是否上了所有的课程。

b）可以查询孩子本周是否有作业，并且查看一下上周作业完成的情况。

c）可以查看孩子在学习和行为方面是否有什么问题，老师们对此持什么态度。

d）通过查看孩子本周所有考试成绩可以得到一个全面的报告，还可以看到老师的评语。

e）看看孩子是怎么按照老师给他确定的目标去努力的。

别这么做！妈妈、大哥（几乎所有的别人）都在看着你呢！

如果情况还不是十分糟糕，家长们还可以实地看一看你上课的情景，如果他们愿意就可以整天都看着，因为在教室的各个角度都安装了用于互联网实时监测的摄像头，家长们可以从各个角度来检查教室里坐着的学生，甚至监视你。或者公司里你父母的朋友也可以接受委托来监视你。你那些可恶的成绩单可能会成为我们这条街流行的笑料。

当然，你也有一种办法把这一切网上监视行为变成对你有利的事情。

最后，为了向你说明未来实际上不像你想象的那么遥远，请看下面：

五个关于网络的古怪的事物

一、烤面包上的天气预报

英国的一位发明人设计了一种烤面包机，它可以通过互联网连接当地的气象台，当面包烤好、呈金黄色时就会有一个小模板掉在面包上，好让加热元件在面包上烙上一个印，告诉你今天的天气会是什么样的：一个太阳的形状代表晴天，雨滴的形状代表雨天，云的形状就代表多云。

当然，这也没什么新奇的，没什么特别的，因为用炸鸡蛋预示晴天这种方式已经有好几个世纪的历史了！

二、远程画图机

感谢互联网吧，因为有了它，你才可能和表兄科林在网上玩那种叫五子棋的游戏。这里所要描述的是你做的一些事：你在英国，拿出一张纸，画好格子，然后在其中一个格内画上第一个"×"；在

你做这些的时候，一个远程画图机上的网络摄像机和投影仪把你画的内容通过另一个远程画图机传送到另一张纸上，这时，远在加拿大卡尔加里的科林就会在厨房桌子的这张纸上画上一个"○"，这个"○"也会立即显示在你的纸上。老实说，不是立即显示，而是差不多在70微秒后才显示出来。远程画图机不仅可用于和亲戚朋友做画图游戏，而且还能被很多人用来做很多严肃的事情，如建筑师、工程师（还有银行抢劫犯），他们不用坐飞机跑到合作伙伴那里就能一起合作搞项目。

三、全球都能闻到的气味

我们从互联网上获取信息时用到的主要感官是视觉（主要是读文字、看图片）和听觉（听音乐和收音机），加利福尼亚的一家网络公司决定让网络爱好者还能用鼻子冲浪，意思就是说给几千种气味建立一个数据库：里面有田鼠的臭味，也有毛地黄的香味，还

有人的腋下的气味……每一种气味都有自己的被附在网站或电子邮件里的文件，当你点击邮件或网站时气味就会在适当的时候，从电脑的一个专门装着气味的配件里由一个小风扇给扇出来。这种气味囊至少包含28种最基本的气味，然后再由这些基本的气味合成各种不同的气味，就像三原色能够组合成彩色喷墨打印机里丰富多彩的颜色一样。所以，当你的电脑屏幕上出现一个满是奶牛的农家院时，电脑的气味囊就会开始工作，散发出与画面相应的气味。但是目前这个项目的研究工作已经停止了，因为从事这项研究的公司陷入资金困境中，但是别担心，总会有一些有志之士重新启动这项计划的。

四、电脑玩具

你过去是不是经常摆弄你那些洋娃娃，并且给她们起各种各样的名字，赋予她们各式各样的性格，如特别结实的仙迪、懒散的底波拉，还给她们开一个小小的茶话会（女孩们，你们不会就是这样吧）？各位亲爱的小读者，根据未来学家（也就是一流的命运预言师）的预测，未来几年内出生的小孩再也用不着费力地发挥自己的想象力，去干你们以前做的那些事（给玩具起名字等），如果他们想学你们，只需要上网就可以给玩具娃娃们下载性格、声音、记性，甚至一些排泄物等，然后洋娃娃就会对他们说话、他们也会对洋娃娃说话，或者洋娃娃之间也可以互相交流。总之，她们会完全颠覆你们以前的做法。

玩具的力量！
玩具的力量！

五、网络衣柜

这种东西适合那些没时间逛商场却又十分钟爱时装的人，它叫作网络衣柜，有点像网络冰箱（只不过没冰箱那么冷）。这种网络衣柜上装有嵌入式电子感应器，感应器能够读取衣服的标签，然后向电脑"描述"出衣服的尺寸、颜色和款式，当你想要一件特弗龙羊毛衫与那条特别漂亮的皮喇叭裤相配时，电脑就会在所有网上服装店里进行搜索直到找到一件合适的。如果你喜欢它给你找的，那就给网上商城用电子付款的方式结账就行了，就这么简单。

最后的点击

网络新知——第二部分

每天都有几千个网页添加到互联网上，每周都要增加好几千个互联网用户，每小时都要发出好几百万个电子邮件。如此多的人都冲向互联网，好像世界上的每个人都会很快上网享受网民的乐趣似的。事情远远不是这样，虽然说互联网已经无所不在地影响着人们的生活，但这并不是说每个地方的人都能够跟互联网打交道。

信不信由你

▶ 互联网表面上看起来非常火，但是世界上只有9％的人是网民。

▶ 2000年，世界上有80％的人根本没用过电话，更不要说上网冲浪或发电子邮件了。全世界目前有60亿人口，80％就是48亿人。

▶ 全世界约有1／5的人口生活在亚洲南部，他们中只有不到1%的人能够上网。

▶ 纽约曼哈顿区的电话线比所有非洲国家的电话线都要多，在整个非洲大陆每53个人才拥有一条电话线。

▶ 全球网站有4／5都使用英语，但只有1／10的人懂英语。

更为重要的是，世界上还有几百万人连最基本的生活条件都难以保证，如食品、电、饮用水、洗手间、医疗卫生场所、电话和运输系统，所以上网冲浪在这些人中间根本就显不出来有什么必要性。

所以，如果你能够在家上网或者有别的途径上互联网，那就尽情地珍惜它吧！

烦人琐事网上查

看完这本书，互联网就会成为你的好朋友，它会引导你学习更多的知识、了解更多的事情。为了证明这一点，展现你的上网知识，你可以试着回答一下下面的问题。如果15年前做这些题你可能要花上一个月的时间经常光顾图书馆，翻阅大量的有关书籍，请教有经验的专家。但是你读完本书后，你只需点击几下，答案马上就出来了。如果你还是个新手，完全不了解互联网的知识，那么你还可以浏览几个网站，它们可以给你提供帮助。好，现在就让我们开始吧！

去获取这些知识吧！

1. 1999年在英国有多少人被____伤害？

a）裤子

b）厕纸架

c）茶壶盖

咯咯咯……等等！

2. 从最近的一秒开始，你到2032年7月29日下午2:30时有多大？

3. 世界上最短的一次战争持续了多长时间？它是在哪里发生的？

4. 下面哪些名人对猫深恶痛绝，哪些人特别喜爱猫？

a）希特勒

b）查尔斯·狄更斯

c）拿破仑

d）弗罗伦丝·南丁格尔

e）本尼托·墨索里尼

f）成吉思汗

g）温思顿·丘吉尔

5. 为什么绵羊在被追逐时眼睛直勾勾地盯着前方？

啊，啊！那是个大茶壶盖！

6. 如果一只青蛙被猫吞下去后又反刍，那么青蛙能够逃生吗？

7. 你的日文名字叫什么？

8. 到你32岁时你的身高会是多少？

9. 为什么大多数拉链上都有字母YYK？哎，行了，别说你不知道！

10. 5月5日伦敦是在几点天黑的？

11. 哪个人种是世界上最高的人种?

12. 世界上的人口相比上个星期二又增加了多少?

13. 你知道怎么从流沙中逃生吗?

14. 列举6个今天出生的名人。

15. 狗6岁相当于人的多少岁?

16. 在纽约的下水道里发现有多少条短吻鳄在游泳?

17. 此时香港时间是几点?

18. 为什么生病的人脸都是绿的?

19. 1929年10月23日是星期几?

20. 人的一生平均要喝多少升水?

21. 从巴黎到北京有多远?

22.芬兰国旗是什么颜色的?

下面再给你提供一些网站的名字,你也许可以从中找到这些烦人的问题的答案。其中有一些答案也许已暗含在网址中了。

www.didyouknow.com/fastfacts/bodyfastfacts.htm

phrases.shu.ac.uk/list/

cat s.about.com/gi/dynamic/offsite.htm? site=http％3A％2F％Fhome.att.net％2F％7Ekdoyle％2Fcats％2Fcats4.htm

www.allaboutzanzibar.com/indepth/history/id−01−01−42short−estwar.htm

www.nensanderents wtoronto.Ca/bin2/tboaghts/lando/0625.asp

www.newscientist.com/lastword/answers/29top20.jsp? tp=top

www.nationalgeographic.com/features/97/nyunderground/docs/mythl00.html

www.geocities.com/Athens/Parthenon/8107/convert.html

www.nationalgeographic.com/Peatures/97/nyunderground/docs/mythl00.html

www.census.gov/cgi−bin/ipc/popclockw

www.timeanddate.com/worldclock/

www.hhforcats.org/calculator/calculator.asp

www.knockdoctor.com/calculator/heightpredic.htm

www.theodora.com/flags/new/finland_flags.html

www.latin.org/english/name−lookup.html

www.geocities.com/Tokyo/Ginza/3379/japname.html

www.bowwow.com.au/calculator/index.asp

content.health.msn.com/heightpredict

www.users.glbalnet.co.uk/~farley/abbey/lovers.html

209.130.72.188/nmerc/trivia−today.htm

www.thehistorynet.com/today/today.htm

www.expatpost.com/worlddistance/

www.xe.com/ucc

www.worstcasescenarios.com/